JN149622

Seminar on Linear Algebra:

Projection, Singular Value Decomposition, Pseudoinverse

線形代数セミナー

射影, 特異値分解, 一般逆行列

金谷健一　著

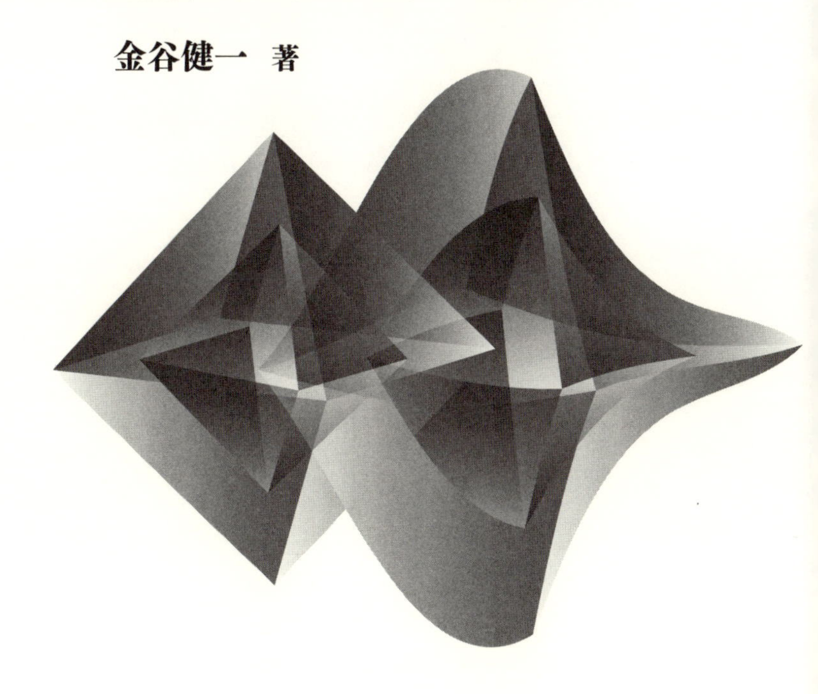

共立出版

まえがき　Preface

線形代数は，理学，工学，農学，経済学，医学などの広い分野の基礎であり，それらの学部の基礎科目としてほとんどすべての大学で教えられている．そして，市販の線形代数の教科書のほとんどすべては，そのような広範囲の学生を対象とし，主に数学者によって書かれている．それに対して，本書は主として，音声・言語を含むパターン処理・認識，信号・画像処理，コンピュータビジョン，コンピュータグラフィクスなどのパターン情報処理を学ぶ学生や，研究・開発を行う研究者を対象としている．そして，筆者自身もこの分野の研究者である．

このようなパターン情報処理では，大量のデータを扱う．それらは高次元のベクトルや行列の形をとる．しかし，そこにおける線形代数の役割は，単に大規模なベクトルや行列の数値的な計算処理だけではない．データの処理にはその“幾何学的な解釈”が伴う．例えば，あるデータ集合が別のデータ集合に“直交する”という概念や，データ集合間の“距離”や，データをある空間に“射影”するなどの幾何学的な関係が重要な意味を持つ．これは抽象的な高次元空間を直観的にイメージするのに役立つだけでなく，どのような目的のためにはどのような処理を行えばよいかという指針ともなる．

本書はこのような観点で，パターン情報処理を支える線形代数のテーマを説明する．まず，線形空間における射影という概念をとりあげ，それを用いて，スペクトル分解，特異値分解，および一般逆行列を記述する．そして，応用として，連立1次方程式の最小2乗解，ベクトルの確率分布を指定する必ずしも正値でない共分散行列，点データに対する部分空間の当てはめ，および行列の因子分解とその動画像解析との関連を述べる．

これらのテーマすべての根幹となるのは，「射影」である．それは，射影が，「直交性」と「最短距離」という二つの概念を包含しているからである．そして，パターン情報処理はこの二つの概念を基盤としている．欧米のパターン情報処理の教科書では，本書のような記述がよく見受けられるが，我が国ではあまり見かけない．我が国の多くの線形代数の教科書では，線形代数を行列の操作および数値計算の側面から説明している．この意味で，本書は多くのパターン情報処理の学生や研究者が線形代数をより深く理解する助けになるであろう．

本書は，読者が学部低学年で学ぶ線形代数の基礎（ベクトルや行列や行列式の計算，固有値や固有ベクトルの計算，2次形式の標準化など）を既習であると仮定している．しかし，知識を整理するために，各章の末尾に，本文中に現れた線形代数やその応用に関連する基本的な用語をとりあげ，短い解説を加えている．また，本文のポイントを箇条書きの形でまとめた．さらに，巻末に「付録 線形代数の基礎」を付け，本文に関係する線形代数の基礎知識，および関連する数学的事項をまとめた．それとともに，線形代数の必要な基礎事項のほとんどすべては，各章の問題，および巻末の解答としてとりあげられている（ややレベルの高い問題には∗印を付した）．これらの工夫により，本書は線形代数を復習する目的にも役立つと思われる．

本書の多くの部分は和文英文併記にしている．そして，巻末に各章の問題の英訳（Q:）と英文による解答（A:）を与えている．このようにしたのは，今日，留学生の数が増加し，政府もこれを推進し，英語による授業や教員の海外への国際発信を求めている背景がある．また，日本人学生への英語論文執筆の指導を支援する意味もある．

本書は，数学に興味のある一般読者や，企業や研究所において研究・開発を行っている研究者に広く読まれることを期待しているが，とりわけ，学部のパターン情報処理に関連する授業や演習の副教材として，また，大学院の授業や研究室セミナーのテキストとして利用されることを望んでいる．

本書に原稿段階で眼を通して，いろいろなご指摘を頂いた理化学研究所特別顧問の甘利俊一先生，米国テキサス大学アーリントン校の野村靖一教授，長崎県立大学の金谷一朗教授，広島大学の玉木徹准教授，豊橋技術科学大学の金澤靖准教授，菅谷保之准教授，群馬大学の松浦勉准教授，（株）朋栄の松永力氏に感謝します．最後に，本書の編集の労をとられた共立出版の大越隆道氏にお礼申し上げます．

2018年5月　　　　金谷健一

目次　Contents

第 1 章　線形空間と射影　Linear Space and Projection　1

1.1　線形写像の表現　Expression of Linear Mapping ・・・・・ 1

1.2　部分空間と射影，反射影　Subspaces, Projection, and Rejection ・・・・・・・・・・・・・・・・・・・・・・・・・ 4

1.3　射影行列　Projection Matrices ・・・・・・・・・・・・・・・ 5

1.4　直線と平面への射影　Projection onto Lines and Planes ・ 7

1.5　シュミットの直交化　Schmidt Orthogonalization ・・・・ 9

用語とまとめ　Glossary and Summary ・・・・・・・・・・・・・・ 10

第 1 章の問題　Problems of Chapter 1 ・・・・・・・・・・・・・・ 15

第 2 章　固有値とスペクトル分解　Eigenvalues and Spectral Decomposition　17

2.1　固有値と固有ベクトル　Eigenvalues and Eigenvectors ・・ 17

2.2　スペクトル分解　Spectral Decomposition ・・・・・・・・ 18

2.3　ランク　Rank ・・・・・・・・・・・・・・・・・・・・・・・ 19

2.4　対称行列の対角化　Diagonalization of Symmetric Matrices 19

2.5　逆行列とべき乗　Inverse and Powers ・・・・・・・・・・・ 20

用語とまとめ　Glossary and Summary ・・・・・・・・・・・・・・ 22

第 2 章の問題　Problems of Chapter 2 ・・・・・・・・・・・・・・ 26

第 3 章　特異値と特異値分解　Singular Values and Singular Decomposition　28
3.1　特異値と特異ベクトル　Singular Values and Singular Vectors　28
3.2　特異値分解　Singular Value Decomposition　29
3.3　列空間と行空間　Column Domain and Row Domain　30
3.4　行列による表現　Matrix Representation　31
用語とまとめ　Glossary and Summary　32
第 3 章の問題　Problems of Chapter 3　35

第 4 章　一般逆行列　Pseudoinverse　36
4.1　一般逆行列　Pseudoinverse　37
4.2　列空間と行空間への射影　Projection onto the Column and Row Domains　37
4.3　ベクトルの一般逆行列　Pseudoinverse of Vectors　39
4.4　ランク拘束一般逆行列　Rank-constrained Pseudoinverse　40
4.5　行列ノルムによる評価　Evaluation by Matrix Norm　42
用語とまとめ　Glossary and Summary　43
第 4 章の問題　Problems of Chapter 4　45

第 5 章　連立 1 次方程式の最小 2 乗解　Least-squares Solution of Linear Equations　47
5.1　連立 1 次方程式と最小 2 乗法　Linear Equations and Least Squares　47
5.2　最小 2 乗解の計算　Computing the Least-squares Solution　49
5.3　1 変数多方程式　Multiple Equations of One Variable　52
5.4　多変数 1 方程式　Single Multivariate Equation　53
用語とまとめ　Glossary and Summary　53
第 5 章の問題　Problems of Chapter 5　55

第 6 章　ベクトルの確率分布　Probability Distribution of Vectors　57
6.1　誤差の共分散行列　Covariance Matrices of Errors　57

6.2　ベクトルの正規分布　Normal Distribution of Vectors ・・ 59
6.3　球面上の確率分布　Probability Distribution over a Sphere 64
用語とまとめ　Glossary and Summary ・・・・・・・・・・・・ 67
第6章の問題　Problems of Chapter 6 ・・・・・・・・・・・・・ 72

第7章　空間の当てはめ　Fitting Spaces 74
7.1　部分空間の当てはめ　Fitting Subspaces ・・・・・・・・・ 75
7.2　階層的当てはめ　Hierarchical Fitting ・・・・・・・・・・・ 77
7.3　特異値分解による当てはめ　Fitting by Singular Value Decomposition ・・・・・・・・・・・・・・・・・・・・・・・・・ 79
7.4　アフィン空間の当てはめ　Fitting Affine Spaces ・・・・・ 81
用語とまとめ　Glossary and Summary ・・・・・・・・・・・・ 85
第7章の問題　Problems of Chapter 7 ・・・・・・・・・・・・・ 88

第8章　行列の因子分解　Matrix Factorization 90
8.1　行列の因子分解　Matrix Factorization ・・・・・・・・・・ 90
8.2　動画像解析の因子分解法　Factorization for Motion Image Analysis ・・・・・・・・・・・・・・・・・・・・・・・・・・ 93
用語とまとめ　Glossary and Summary ・・・・・・・・・・・・ 97
第8章の問題　Problems of Chapter 8 ・・・・・・・・・・・・・ 101

付録　線形代数の基礎　Fundamentals of Linear Algebra 103
A.1　線形写像と行列　Linear Mappings and Matrices ・・・・ 104
A.2　内積とノルム　Inner Product and Norm ・・・・・・・・・ 105
A.3　1次形式　Linear Forms ・・・・・・・・・・・・・・・・・ 106
A.4　2次形式　Quadratic Forms ・・・・・・・・・・・・・・・ 107
A.5　双1次形式　Bilinear Forms ・・・・・・・・・・・・・・・ 109
A.6　基底による展開　Basis and Expansion ・・・・・・・・・・ 109
A.7　最小2乗近似　Least-squares Approximation ・・・・・・・ 110
A.8　ラグランジュの未定乗数法　Lagrange's Method of Indeterminate Multipliers ・・・・・・・・・・・・・・・・・・・ 112
A.9　固有値と固有ベクトル　Eigenvalues and Eigenvectors ・・ 113

A.10 2次形式の最大値，最小値 Maximum and Minimum of a Quadratic Form · 115

あとがき Postface 117

参考文献 References 121

Problems and Answers 問題と解答 123

日本語索引 Japanese Index 143

English Index 英語索引 147

第1章

線形空間と射影
Linear Space and Projection

本章では，「射影」および「反射影」の概念を導入し，それを「射影行列」の形で表現する．これが本書で最も重要な役割を果たすのは，射影に「直交性」と「最短距離」という二つの側面があるからである．そして，以下の章のテーマはすべてこの性質に基づいている．まず，「部分空間」，「直交補空間」，「直和分解」を定義して，射影行列の具体的な形を導く．また，直線と平面への射影の例を示し，射影行列を用いてベクトルの正規直交系を作り出す「シュミットの直交化」を説明する．

In this chapter, we introduce the concepts of "projection" and "rejection" and express them in the form of the "projection matrix." It plays the central role in this book, because it implies "orthogonality" and "shortest distance." The themes of the subsequent chapters are all based on these two aspects of projection. First, we define "subspaces," "orthogonal complements," and "direct sum decomposition" and then derive concrete expressions of the projection matrix. As an illustration, we show examples of projection onto lines and planes and explain the "Schmidt orthogonalization" for producing an orthonormal system of vectors using projection matrices.

1.1 線形写像の表現 Expression of Linear Mapping

n 次元空間 $\mathcal{R}^n$ から m 次元空間 $\mathcal{R}^m$ への線形写像は，ある $m \times n$ 行列 $\boldsymbol{A}$ によって表される（$\hookrightarrow$ Appendix A.1 節）．これを定める基本的な方法は，$\mathcal{R}^n$（これを**定義域** (domain) と呼ぶ）に一つの**正規直交基底** (orthonormal

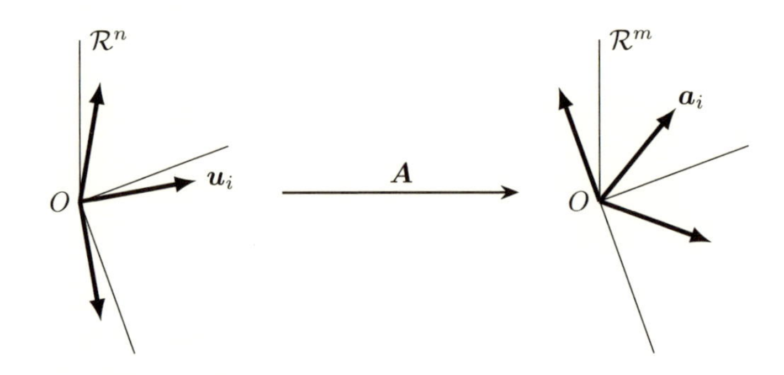

図1.1　$\mathcal{R}^n$ の正規直交基底 $\{\boldsymbol{u}_i\}$, $i=1,\ldots,n$ を $\mathcal{R}^m$ のベクトル $\boldsymbol{a}_i$, $i=1,\ldots,n$ に写像する線形写像は $m\times n$ 行列 $\boldsymbol{A}=\sum_{i=1}^n \boldsymbol{a}_i\boldsymbol{u}_i^\top$ で与えられる．

Fig. 1.1　The linear mapping that maps the orthonormal basis $\{\boldsymbol{u}_i\}$, $i=1,\ldots,n$, of $\mathcal{R}^n$ to vectors $\boldsymbol{a}_i$, $i=1,\ldots,n$, of $\mathcal{R}^m$ is given by the $m\times n$ matrix $\boldsymbol{A}=\sum_{i=1}^n \boldsymbol{a}_i\boldsymbol{u}_i^\top$.

basis)（すなわち，互いに直交する単位ベクトル）$\{\boldsymbol{u}_1,\ldots,\boldsymbol{u}_n\}$ を定め，それぞれが写像されるべき m 次元ベクトル（すなわち，**像** (image)）$\boldsymbol{a}_1,\ldots,\boldsymbol{a}_n$ を指定することである (Fig. 1.1)．このとき，行列 $\boldsymbol{A}$ は次のように書ける ($\hookrightarrow$ Problem 1.1)．

$$\boldsymbol{A}=\boldsymbol{a}_1\boldsymbol{u}_1^\top+\cdots+\boldsymbol{a}_n\boldsymbol{u}_n^\top \tag{1.1}$$

ただし，$\top$ は転置[1] を表す．実際，上式を $\boldsymbol{u}_i$ に掛けると，正規直交性

$$\boldsymbol{u}_i^\top\boldsymbol{u}_j=\delta_{ij} \tag{1.2}$$

(δ_{ij} は**クロネッカのデルタ** (Kronecker delta)，すなわち，$j=i$ のとき1，$j\neq i$ のとき0をとる記号）より，$\boldsymbol{A}\boldsymbol{u}_i=\boldsymbol{a}_i$ となる．

特に，$\mathcal{R}^n$ の正規直交規定として**自然基底** (natural basis) $\{\boldsymbol{e}_1,\ldots\boldsymbol{e}_n\}$（$\boldsymbol{e}_i$ は第 i 成分が1，その他は0の n 次元ベクトル，**標準基底** (standard basis, canonical basis) とも呼ぶ）をとり，$\boldsymbol{a}_i=(a_{1i},\ldots,a_{mi})^\top$ と書くと，式(1.1)は次のように表される．

[1] 数学者は transpose（転置）の頭文字 t を左上添字として，ベクトル $\boldsymbol{u}$ の転置を ${}^{\mathrm{t}}\boldsymbol{u}$ と書くことが多い．物理学や工学では記号 $\top$ を右上添字として $\boldsymbol{u}^\top$ と書くのが普通である．

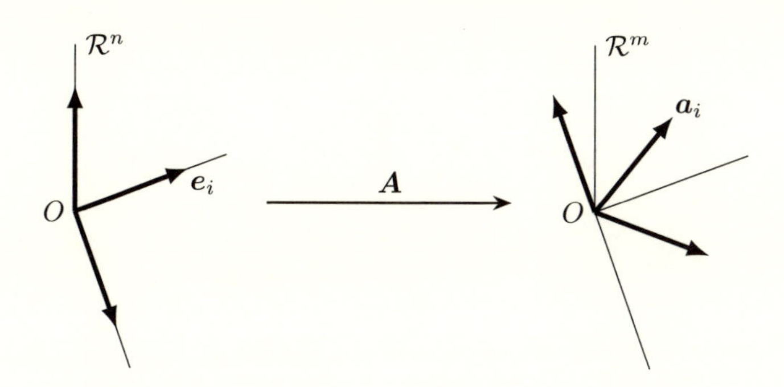

図 1.2　$\mathcal{R}^n$ の自然基底 $\{\boldsymbol{e}_i\}$, $i = 1, \ldots, n$ を $\mathcal{R}^m$ のベクトル $\boldsymbol{a}_i = (a_{1i}, \ldots, a_{mi})^\top$, $i = 1, \ldots, n$ に写像する線形写像は $m \times n$ 行列 $\boldsymbol{A} = \begin{pmatrix} a_{ij} \end{pmatrix}$ で与えられる．

Fig. 1.2　The linear mapping that maps the natural basis $\{\boldsymbol{e}_i\}$, $i = 1, \ldots, n$, of $\mathcal{R}^n$ to vectors $\boldsymbol{a}_i = (a_{1i}, \ldots, a_{mi})^\top$, $i = 1, \ldots, n$, of $\mathcal{R}^m$ is given by the $m \times n$ matrix $\boldsymbol{A} = \begin{pmatrix} a_{ij} \end{pmatrix}$.

$$\boldsymbol{A} = \begin{pmatrix} a_{11} \\ \vdots \\ a_{m1} \end{pmatrix} \begin{pmatrix} 1 & 0 & \cdots & 0 \end{pmatrix} + \cdots + \begin{pmatrix} a_{1n} \\ \vdots \\ a_{mn} \end{pmatrix} \begin{pmatrix} 0 & \cdots & 0 & 1 \end{pmatrix}$$
$$= \begin{pmatrix} a_{11} & \cdots & a_{1n} \\ \vdots & \ddots & \vdots \\ a_{m1} & \cdots & a_{mn} \end{pmatrix} \tag{1.3}$$

すなわち，像 $\boldsymbol{a}_1, \ldots, \boldsymbol{a}_n$ を列として順に並べた行列 $\begin{pmatrix} \boldsymbol{a}_1 & \cdots & \boldsymbol{a}_n \end{pmatrix}$ となる (Fig. 1.2)．

例　2 次元回転　Rotation in two dimensions

2 次元空間の角度 θ（反時計回り）の回転は線形写像である．自然基底 $\boldsymbol{e}_1 = (1, 0)^\top$, $\boldsymbol{e}_2 = (0, 1)^\top$ を角度 θ だけ回転すると，それぞれ $\boldsymbol{a}_1 = (\cos\theta, \sin\theta)^\top$, $\boldsymbol{a}_2 = (-\sin\theta, \cos\theta)^\top$ となる (Fig. 1.3)．したがって，角度 θ の回転は行列

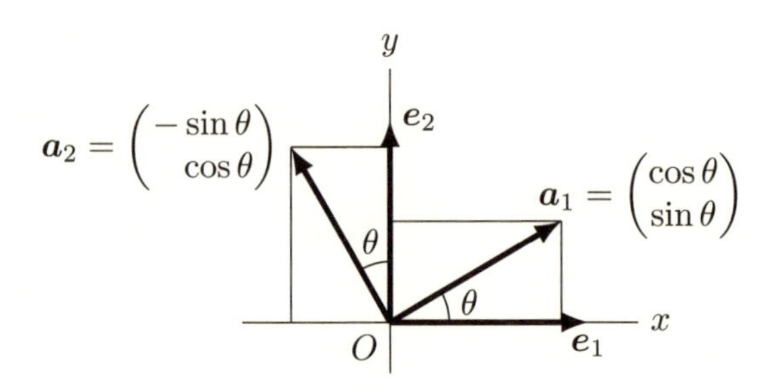

図 1.3　自然基底 $\{\boldsymbol{e}_1\} = (1,0)^\top$, $\{\boldsymbol{e}_2\} = (0,1)^\top$ を角度 θ だけ回転すると，それぞれ $\boldsymbol{a}_1 = (\cos\theta, \sin\theta)^\top$, $\boldsymbol{a}_2 = (-\sin\theta, \cos\theta)^\top$ となる．

Fig. 1.3　The natural basis $\{\boldsymbol{e}_1\} = (1,0)^\top$ and $\{\boldsymbol{e}_2\} = (0,1)^\top$ are mapped to $\boldsymbol{a}_1 = (\cos\theta, \sin\theta)^\top$ and $\boldsymbol{a}_2 = (-\sin\theta, \cos\theta)^\top$, respectively, after a rotation by angle θ.

$\boldsymbol{R}(\theta) = \begin{pmatrix} \cos\theta & -\sin\theta \\ \sin\theta & \cos\theta \end{pmatrix}$ で表される．

1.2　部分空間と射影，反射影
Subspaces, Projection, and Rejection

n 次元空間 $\mathcal{R}^n$ にある r 本の線形独立なベクトル $\boldsymbol{u}_1, \ldots, \boldsymbol{u}_r$ を指定したとき，それらのすべての線形結合の全体 $\mathcal{U} \subset \mathcal{R}^n$ を $\boldsymbol{u}_1, \ldots, \boldsymbol{u}_r$ の**張る** (span) r 次元**部分空間** (subspace) という．例えば，一つのベクトルの張る部分空間はそれに沿う直線であり，二つのベクトルの張る部分空間はそれらを通る平面である．

$\mathcal{R}^n$ の点 P に対して，部分空間 $\mathcal{U}$ の点 $Q \in \mathcal{U}$ で，$\overrightarrow{PQ}$ が $\mathcal{U}$ に直交する点 Q を点 P の $\mathcal{U}$ への**射影** (projection) と呼び[2)]，$\overrightarrow{QP}$ を点 Q の $\mathcal{U}$ からの**反射影** (rejection) と呼ぶ (Fig. 1.4)．点 Q を $\mathcal{U}$ の別の点 Q' に移動すると，三平方の定理（$\hookrightarrow$ Appendix 式 (A.12)）より，

[2)] 正式には「直交射影」(orthogonal projection) というが，本書では直交射影以外の射影は考えないので，単にこれを「射影」と呼ぶ．

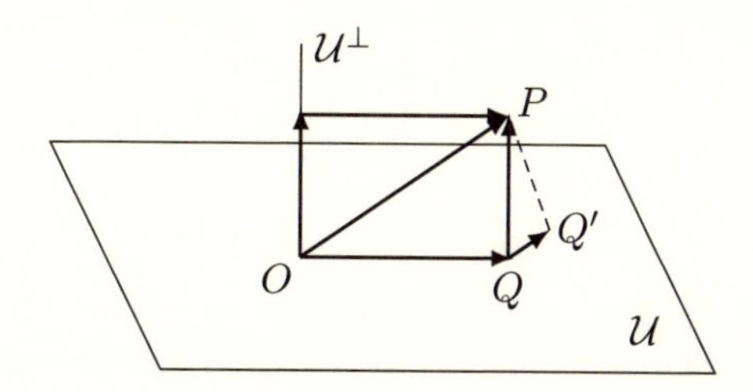

図 1.4　点 P の部分空間 $\mathcal{U}$ への射影 Q は $\mathcal{U}$ 上の P からの最短点である．$\overrightarrow{QP} \in \mathcal{U}^\perp$ は $\mathcal{U}$ からの反射影．

Fig. 1.4　The projection Q of point P onto the subspace $\mathcal{U}$ is the point of $\mathcal{U}$ closest to P. The vector $\overrightarrow{QP} \in \mathcal{U}^\perp$ is the rejection from $\mathcal{U}$.

$$\|PQ'\|^2 = \|PQ\|^2 + \|QQ'\|^2 > \|PQ\|^2 \tag{1.4}$$

であるから，射影した点 Q は $\mathcal{U}$ の点 P から最短の点でもある ($\hookrightarrow$ Problem 1.2).

以上のことは，次のように書ける

$$\overrightarrow{OP} = \overrightarrow{OQ} + \overrightarrow{QP}, \qquad \overrightarrow{OQ} \in \mathcal{U}, \qquad \overrightarrow{QP} \in \mathcal{U}^\perp \tag{1.5}$$

ただし，$\mathcal{U}^\perp$ は $\mathcal{U}$ に直交するベクトルの全体であり，$\mathcal{U}$ の**直交補空間** (orthogonal complement) と呼ぶ．これも $\mathcal{R}^n$ の部分空間である．このように，$\mathcal{R}^n$ のベクトルは $\mathcal{U}$ への射影とそれからの反射影の和として表される．このような表し方は一意的であり，$\overrightarrow{OP}$ の $\mathcal{U}$ と $\mathcal{U}^\perp$ への**直和分解** (direct sum decomposition) であるという．

1.3　射影行列　Projection Matrices

部分空間 $\mathcal{U}$ へ射影する写像を $\boldsymbol{P}_{\mathcal{U}}$，直交補空間 $\mathcal{U}^\perp$ へ射影する写像を $\boldsymbol{P}_{\mathcal{U}^\perp}$ と置けば，射影の定義より，

$$\boldsymbol{P}_{\mathcal{U}}\boldsymbol{x} = \begin{cases} \boldsymbol{x} & \boldsymbol{x} \in \mathcal{U} \\ \boldsymbol{0} & \boldsymbol{x} \in \mathcal{U}^\perp \end{cases} \tag{1.6}$$

$$\boldsymbol{P}_{\mathcal{U}^\perp}\boldsymbol{x} = \begin{cases} \boldsymbol{0} & \boldsymbol{x} \in \mathcal{U} \\ \boldsymbol{x} & \boldsymbol{x} \in \mathcal{U}^\perp \end{cases} \tag{1.7}$$

である．部分空間 $\mathcal{U}$ に正規直交基底 $\{\boldsymbol{u}_1, \ldots, \boldsymbol{u}_r\}$ を指定すると，それは $\mathcal{R}^n$ の正規直交基底 $\{\boldsymbol{u}_1, \ldots, \boldsymbol{u}_r, \boldsymbol{u}_{r+1}, \ldots, \boldsymbol{u}_n\}$ に拡張できる．式 (1.6) は，$\boldsymbol{P}_\mathcal{U}$ が $\mathcal{R}^n$ の正規直交基底 $\{\boldsymbol{u}_1, \ldots, \boldsymbol{u}_n\}$ をそれぞれ $\boldsymbol{u}_1, \ldots, \boldsymbol{u}_r, \boldsymbol{0}, \ldots, \boldsymbol{0}$ に写像することを意味する．同様に，式 (1.7) より，$\boldsymbol{P}_{\mathcal{U}^\perp}$ は $\{\boldsymbol{u}_1, \ldots, \boldsymbol{u}_n\}$ をそれぞれ $\boldsymbol{0}, \ldots, \boldsymbol{0}, \boldsymbol{u}_{r+1}, \ldots, \boldsymbol{u}_n$ に写像する．ゆえに，式 (1.1) より $\boldsymbol{P}_\mathcal{U}$, $\boldsymbol{P}_{\mathcal{U}^\perp}$ はそれぞれ次のように書ける．

$$\boldsymbol{P}_\mathcal{U} = \boldsymbol{u}_1\boldsymbol{u}_1^\top + \cdots + \boldsymbol{u}_r\boldsymbol{u}_r^\top \tag{1.8}$$

$$\boldsymbol{P}_{\mathcal{U}^\perp} = \boldsymbol{u}_{r+1}\boldsymbol{u}_{r+1}^\top + \cdots + \boldsymbol{u}_n\boldsymbol{u}_n^\top \tag{1.9}$$

$\boldsymbol{P}_\mathcal{U}, \boldsymbol{P}_{\mathcal{U}^\perp}$ をそれぞれ，部分空間 $\mathcal{U}$，およびその直交補空間 $\mathcal{U}^\perp$ への**射影行列** (projection matrix) と呼ぶ．

Fig. 1.4 より，すべての点 P に対して $\overrightarrow{OP} = \boldsymbol{P}_\mathcal{U}\overrightarrow{OP} + \boldsymbol{P}_{\mathcal{U}^\perp}\overrightarrow{OP} = (\boldsymbol{P}_\mathcal{U} + \boldsymbol{P}_{\mathcal{U}^\perp})\overrightarrow{OP}$ であるから，

$$\boldsymbol{P}_\mathcal{U} + \boldsymbol{P}_{\mathcal{U}^\perp} = \boldsymbol{I} \tag{1.10}$$

である（$\boldsymbol{I}$ は単位行列[3]）．すなわち，単位行列 $\boldsymbol{I}$ が次のように，部分空間 $\mathcal{U}$ とその直交補空間 $\mathcal{U}^\perp$ への射影行列の和に分解される（単位行列 $\boldsymbol{I}$ 自体も全空間 $\mathcal{R}^n$ への射影行列である）．

$$\boldsymbol{I} = \underbrace{\boldsymbol{u}_1\boldsymbol{u}_1^\top + \cdots + \boldsymbol{u}_r\boldsymbol{u}_r^\top}_{\boldsymbol{P}_\mathcal{U}} + \underbrace{\boldsymbol{u}_{r+1}\boldsymbol{u}_{r+1}^\top + \cdots + \boldsymbol{u}_n\boldsymbol{u}_n^\top}_{\boldsymbol{P}_{\mathcal{U}^\perp}} \tag{1.11}$$

式 (1.5) の右辺の $\overrightarrow{OQ} = \boldsymbol{P}_\mathcal{U}\overrightarrow{OP}$ と $\overrightarrow{QP} = \boldsymbol{P}_{\mathcal{U}^\perp}\overrightarrow{OP}$ は直交するから，$\|\overrightarrow{OP}\|^2 = \|\overrightarrow{OQ}\|^2 + \|\overrightarrow{QP}\|^2$ である．ゆえに，任意のベクトル $\boldsymbol{x}$ に対して，

[3] 数学者は $\boldsymbol{E}$ と書くことが多い．これはドイツ語の Einheit（単位）の頭文字である．英語の unit（単位）の頭文字をとって $\boldsymbol{U}$ と書くこともあり，英語では unit matrix と呼ぶ．一方，物理学や工学では $\boldsymbol{I}$ と書くことが多い．これは identity（同一性）の頭文字である．そして，英語では identity matrix と呼ぶのが普通である．

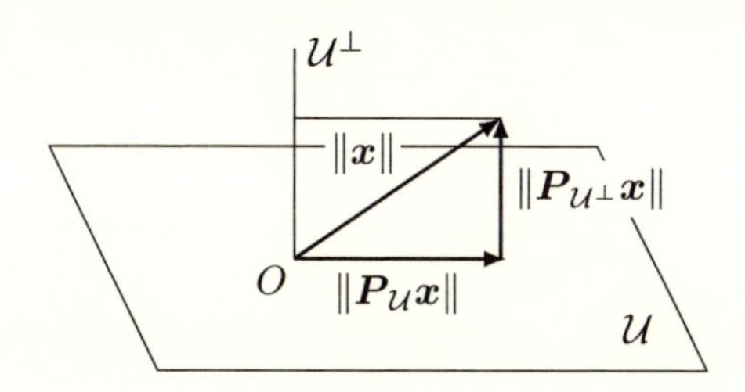

図 1.5　任意のベクトル $\boldsymbol{x}$ に対して，$\|\boldsymbol{x}\|^2 = \|\boldsymbol{P}_{\mathcal{U}}\boldsymbol{x}\|^2 + \|\boldsymbol{P}_{\mathcal{U}^\perp}\boldsymbol{x}\|^2$ が成り立つ．

Fig. 1.5　The equality $\|\boldsymbol{x}\|^2 = \|\boldsymbol{P}_{\mathcal{U}}\boldsymbol{x}\|^2 + \|\boldsymbol{P}_{\mathcal{U}^\perp}\boldsymbol{x}\|^2$ holds for any vector $\boldsymbol{x}$.

次の関係が成り立つ (Fig. 1.5).

$$\|\boldsymbol{x}\|^2 = \|\boldsymbol{P}_{\mathcal{U}}\boldsymbol{x}\|^2 + \|\boldsymbol{P}_{\mathcal{U}^\perp}\boldsymbol{x}\|^2 \tag{1.12}$$

射影行列 $\boldsymbol{P}_{\mathcal{U}}$ に対して，次式が成り立つ[4] (↪ Problem 1.3).

$$\boldsymbol{P}_{\mathcal{U}}^\top = \boldsymbol{P}_{\mathcal{U}} \tag{1.13}$$

$$\boldsymbol{P}_{\mathcal{U}}^2 = \boldsymbol{P}_{\mathcal{U}} \tag{1.14}$$

式 (1.13) は，$\boldsymbol{P}_{\mathcal{U}}$ が対称行列であることを意味する．これは式 (1.8) の定義より明らかである．式 (1.14) は，一度射影した点をもう一度射影しても変化しないことを意味する．これも射影の定義より明らかである．式 (1.14) の性質を持つ行列はべき等 (idempotent) であるという．対称かつべき等な行列は，ある部分空間への射影行列であることが示せる (↪ Problem 1.4).

1.4　直線と平面への射影　Projection onto Lines and Planes

原点 O を通り，単位ベクトル $\boldsymbol{u}$ 方向へ伸びる直線 l は 1 次元部分空間である．直線 l 上への射影行列を $\boldsymbol{P}_l$ と書くと，

$$\boldsymbol{P}_l = \boldsymbol{u}\boldsymbol{u}^\top \tag{1.15}$$

[4] 式 (1.14) が一般の（必ずしも直交射影でない）射影の定義である．式 (1.13) は，それが直交射影であることを示す（↪ 脚注 2).

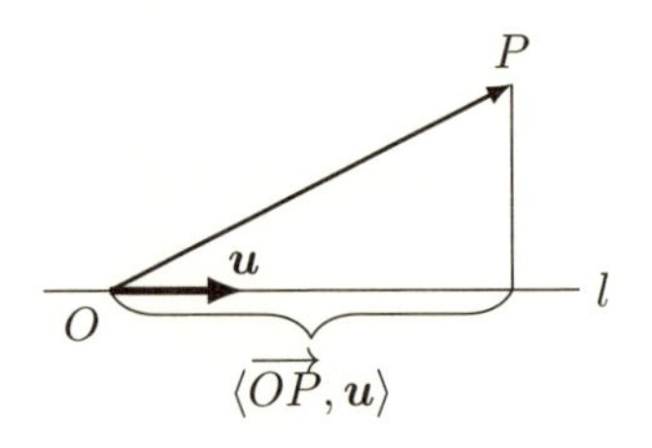

図 1.6　ベクトル $\overrightarrow{OP}$ の，原点 O を通り，単位ベクトル $\boldsymbol{u}$ 方向に伸びる直線 l 上の射影長は $\langle \overrightarrow{OP}, \boldsymbol{u} \rangle$ である．

Fig. 1.6　The projected length of vector $\overrightarrow{OP}$ onto a line passing through the origin O and extending in the direction of the unit vector $\boldsymbol{u}$ is given by $\langle \overrightarrow{OP}, \boldsymbol{u} \rangle$.

である．したがって，$\overrightarrow{OP}$ の l 上への射影は

$$\boldsymbol{u}\boldsymbol{u}^\top \overrightarrow{OP} = \langle \overrightarrow{OP}, \boldsymbol{u} \rangle \boldsymbol{u} \tag{1.16}$$

である．以下，ベクトル $\boldsymbol{a}, \boldsymbol{b}$ の内積を $\langle \boldsymbol{a}, \boldsymbol{b} \rangle$ $(= \boldsymbol{a}^\top \boldsymbol{b})$ と書く（$\hookrightarrow$ Appendix A.2 節）．式 (1.16) の右辺は，直線 l に沿う長さ $\langle \overrightarrow{OP}, \boldsymbol{u} \rangle$ のベクトルを表している (Fig. 1.6)．ただし，$\boldsymbol{u}$ 方向に正，反対方向に負と約束する．これを**射影長** (projected length) と呼ぶ．すなわち，**単位ベクトルとの内積は，その方向の直線上の射影長である．**

原点 O を通り，単位ベクトル $\boldsymbol{n}$ を法線とする平面 Π は $n-1$ 次元部分空間である（厳密には“超平面” (hyperplane) というべきであるが，混乱のない限り，以下では超平面も単に「平面」と呼ぶ）．法線ベクトル $\boldsymbol{n}$ の方向の直線は平面 Π の直交補空間であるから，Π 上への射影行列を $\boldsymbol{P}_{\boldsymbol{n}}$ と書くと，式 (1.10), (1.11) より，

$$\boldsymbol{P}_{\boldsymbol{n}} = \boldsymbol{I} - \boldsymbol{n}\boldsymbol{n}^\top \tag{1.17}$$

である．したがって，$\overrightarrow{OP}$ の Π 上への射影は

$$\boldsymbol{P}_{\boldsymbol{n}} \overrightarrow{OP} = \overrightarrow{OP} - \langle \overrightarrow{OP}, \boldsymbol{n} \rangle \boldsymbol{n} \tag{1.18}$$

となる (Fig. 1.7).

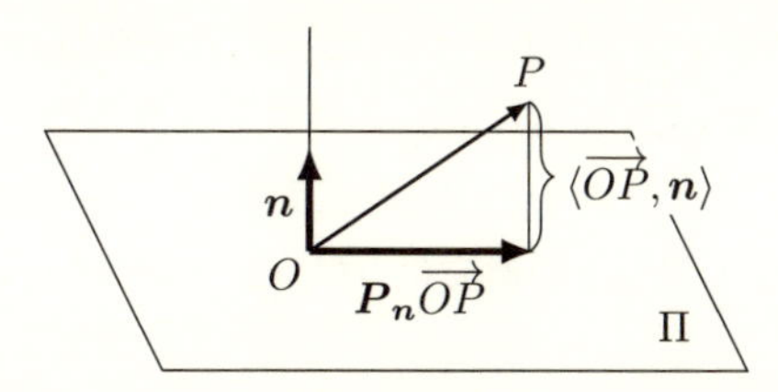

図 1.7 ベクトル $\overrightarrow{OP}$ の，原点を通り，単位法線ベクトル $\boldsymbol{n}$ を持つ平面 Π への射影.

Fig. 1.7 Projection of vector $\overrightarrow{OP}$ onto plane Π passing through the origin O and having unit surface normal $\boldsymbol{n}$.

1.5 シュミットの直交化 Schmidt Orthogonalization

互いに直交する単位ベクトルの組を**正規直交系** (orthonormal system) という．n 本の線形独立なベクトル $\boldsymbol{a}_1, \ldots, \boldsymbol{a}_n$ から次のようにして，正規直交系 $\boldsymbol{u}_1, \ldots, \boldsymbol{u}_n$ を作り出すことができる．まず，$\boldsymbol{u}_1 = \boldsymbol{a}_1/\|\boldsymbol{a}_1\|$ とする．$\boldsymbol{u}_1$ に直交する部分空間（直交補空間）への射影行列は式 (1.17) より $\boldsymbol{I} - \boldsymbol{u}_1\boldsymbol{u}_1^\top$ である．ゆえに，$\boldsymbol{a}_2$ をこれに射影した

$$\boldsymbol{a}_2' = (\boldsymbol{I} - \boldsymbol{u}_1\boldsymbol{u}_1^\top)\boldsymbol{a}_2 = \boldsymbol{a}_2 - \langle \boldsymbol{u}_1, \boldsymbol{a}_2 \rangle \boldsymbol{u}_1 \tag{1.19}$$

は $\boldsymbol{u}_1$ に直交する．したがって，これを単位ベクトルに正規化した $\boldsymbol{u}_2 = \boldsymbol{a}_2'/\|\boldsymbol{a}_2'\|$ は $\boldsymbol{u}_1$ に直交する単位ベクトルである．

同じように考えると，$\boldsymbol{u}_1, \boldsymbol{u}_2$ に直交する部分空間（直交補空間）への射影行列は $\boldsymbol{I} - \boldsymbol{u}_1\boldsymbol{u}_1^\top - \boldsymbol{u}_2\boldsymbol{u}_2^\top$ である．ゆえに，$\boldsymbol{a}_3$ をこれに射影した

$$\boldsymbol{a}_3' = (\boldsymbol{I} - \boldsymbol{u}_1\boldsymbol{u}_1^\top - \boldsymbol{u}_2\boldsymbol{u}_2^\top)\boldsymbol{a}_3 = \boldsymbol{a}_3 - \langle \boldsymbol{u}_1, \boldsymbol{a}_3 \rangle \boldsymbol{u}_1 - \langle \boldsymbol{u}_2, \boldsymbol{a}_3 \rangle \boldsymbol{u}_2 \tag{1.20}$$

は $\boldsymbol{u}_1, \boldsymbol{u}_2$ に直交する．したがって，これを単位ベクトルに正規化した $\boldsymbol{u}_3 = \boldsymbol{a}_3'/\|\boldsymbol{a}_3'\|$ は $\boldsymbol{u}_1, \boldsymbol{u}_2$ に直交する単位ベクトルである．以下，同様にして，直交する単位ベクトル $\boldsymbol{u}_1, \ldots, \boldsymbol{u}_{k-1}$ が得られたとき，$\boldsymbol{u}_1, \ldots, \boldsymbol{u}_{k-1}$ に直交する部分空間（直交補空間）への射影行列は $\boldsymbol{I} - \boldsymbol{u}_1\boldsymbol{u}_1^\top - \cdots - \boldsymbol{u}_{k-1}\boldsymbol{u}_{k-1}^\top$ である．ゆえに，$\boldsymbol{a}_k$ をこれに射影した

$$\begin{aligned}\boldsymbol{a}_k' &= (\boldsymbol{I} - \boldsymbol{u}_1\boldsymbol{u}_1^\top - \cdots - \boldsymbol{u}_{k-1}\boldsymbol{u}_{k-1}^\top)\boldsymbol{a}_k \\ &= \boldsymbol{a}_k - \langle \boldsymbol{u}_1, \boldsymbol{a}_k \rangle \boldsymbol{u}_1 - \cdots - \langle \boldsymbol{u}_{k-1}, \boldsymbol{a}_k \rangle \boldsymbol{u}_k \end{aligned} \tag{1.21}$$

は $\boldsymbol{u}_1, \ldots, \boldsymbol{u}_{k-1}$ に直交する．したがって，これを単位ベクトルに正規化した $\boldsymbol{u}_k = \boldsymbol{a}'_k/\|\boldsymbol{a}'_k\|$ は $\boldsymbol{u}_1, \ldots, \boldsymbol{u}_{k-1}$ に直交する単位ベクトルである．これを $k = 1, \ldots, n$ に対して繰り返すと，正規直交系 $\boldsymbol{u}_1, \ldots, \boldsymbol{u}_n$ が得られる．この操作を（**グラム・**）**シュミットの直交化**((Gram–)Schmidt orthogonalization) と呼ぶ．

用語とまとめ　Glossary and Summary

n 次元空間 $\mathcal{R}^n$　the n-dimensional space $\mathcal{R}^n$：n 個の実数の座標 $(x_1, \ldots, x_n)$ で指定される点の集合．各点は，座標を縦に並べた列ベクトル $\boldsymbol{x} = \Bigl(x_i\Bigr)$, $i = 1, \ldots, n$ と同一視される．

The set of points specified by n real coordinates $(x_1, \ldots, x_n)$. Each point is identified with the column vector $\boldsymbol{x} = \Bigl(x_i\Bigr)$, $i = 1, \ldots, n$, consisting of the vertically arranged n coordinates.

線形空間　linear space：和や定数倍が定義されている集合（「ベクトル空間」とも呼ぶ）．その要素を「ベクトル」と呼ぶ．

A set in which sums and scalar multiples are defined, also called “vector space.” Its elements are called “vectors.”

線形写像　linear mapping：$f(\boldsymbol{u} + \boldsymbol{v}) = f(\boldsymbol{u}) + f(\boldsymbol{v})$, $f(c\boldsymbol{u}) = cf(\boldsymbol{u})$ のように，和は和に，定数倍は定数倍に対応させる線形空間から線形空間への写像．その写像が適用される線形空間を「定義域」と呼び，写像された元をその線形写像の「像」と呼ぶ．n 次元空間 $\mathcal{R}^n$ では，像はベクトル $\boldsymbol{u}$ とある行列 $\boldsymbol{A}$ との積の形に書ける．

A mapping between linear spaces such that the sum corresponds to the sum and the scalar multiple to the scalar multiple in the form $f(\boldsymbol{u}+\boldsymbol{v}) = f(\boldsymbol{u})+f(\boldsymbol{v})$ and $f(c\boldsymbol{u}) = cf(\boldsymbol{u})$. The space for which the mapping is defined is called its “domain,” and the mapped element is called its “image.” In the n-dimensional space $\mathcal{R}^n$, the image has the form of the product of a vector $\boldsymbol{u}$ and a matrix $\boldsymbol{A}$.

線形結合　**linear combination**：$c_1\boldsymbol{u}_1 + \cdots + c_m\boldsymbol{u}_m$ のような定数倍と和の表現．ベクトル $\boldsymbol{u}_1, \ldots, \boldsymbol{u}_m$ のすべての線形結合の集合を，それらが「張る」線形空間と呼ぶ．

The expression of the sum of scalar multiples in the form of $c_1\boldsymbol{u}_1 + \cdots + c_m\boldsymbol{u}_m$. The set of all linear combinations of vectors $\boldsymbol{u}_1, \ldots,$ $\boldsymbol{u}_m$ is called the linear space "spanned" by them.

線形独立　**linear independece**：$c_1 = \cdots = c_r = 0$ でなければ $c_1\boldsymbol{u}_1 + \cdots + c_m\boldsymbol{u}_m = \boldsymbol{0}$ とはならないとき，ベクトル $\boldsymbol{u}_1, \ldots, \boldsymbol{u}_m$ は「線形独立」，そうでなければ「線形従属」という．

Vectors $\boldsymbol{u}_1, \ldots, \boldsymbol{u}_m$ are "linearly independent" if $c_1\boldsymbol{u}_1 + \cdots + c_m\boldsymbol{u}_m = \boldsymbol{0}$ does not hold unless $c_1 = \cdots = c_r = 0$. Otherwise, they are "linearly dependent."

基底　**basis**：線形空間のすべての元がその線形結合で表せるような線形独立なベクトル $\boldsymbol{u}_1, \ldots, \boldsymbol{u}_n$ の組．その個数 n をその線形空間の「次元」と呼ぶ．

A set of linearly independent vectors $\boldsymbol{u}_1, \ldots, \boldsymbol{u}_n$ such that any element of the linear space is expressed as their linear combination. The number n is called the "dimension" of the linear space.

正規直交基底　**orthonormal basis**：互いに直交するベクトルからなる基底．

A basis consisting of mutually orthogonal unit vectors.

自然基底　**natural basis**：第 i 成分が 1，その他は 0 の n 次元ベクトル $\boldsymbol{e}_i$，$i = 1, \ldots, n$ からなる $\mathcal{R}^n$ の基底（「標準基底」とも呼ぶ）．正規直交基底の代表例．

A set of n-dimensional vectors $\boldsymbol{e}_i$, $i = 1, \ldots, n$, such that the i-th component of e_i is 1 and other components are all 0, also known as the "standard basis" or the "canonical basis." A typical orthonormal basis.

クロネッカのデルタ　Kronecker delta：$i=j$ のとき 1，$i \neq j$ のとき 0 と約束する記号 δ_{ij}.

The symbol δ_{ij} that takes value 1 for $i=j$ and value 0 for $i \neq j$.

部分空間　subspace：線形空間の部分集合で，それ自身が線形空間になっている集合．3 次元空間 $\mathcal{R}^3$ の部分空間には，原点 O（0 次元部分空間），原点 O を通る直線（1 次元部分空間），原点 O を通る平面（2 次元部分空間），$\mathcal{R}^3$ それ自身（3 次元部分空間）がある．

A subset of a linear space which is itself a linear space. The subspaces of the 3-dimensional space $\mathcal{R}^3$ are the origin O (0-dimensional subspace), lines passing through the origin O (1-dimensional subspaces), planes passing through the origin O (2-dimensional subspaces), and the $\mathcal{R}^3$ itself (3-dimensional subspace).

射影　projection：部分空間 $\mathcal{U} \subset \mathcal{R}^n$ に対して，点 $P \in \mathcal{R}^n$ を，$\overrightarrow{PQ}$ が $\mathcal{U}$ に直交するような点 $Q \in \mathcal{U}$ に写像するとき，点 Q を点 P の「射影」（正式には「直交射影」）という．また，そのような写像（線形写像である）も $\mathcal{R}^n$ から $\mathcal{U}$ への「射影」と呼び，$\boldsymbol{P}_{\mathcal{U}}$ と書く．

For a given subspace $\mathcal{U} \subset \mathcal{R}^n$ and a point $P \in \mathcal{R}^n$, the point $Q \in \mathcal{U}$ is the "projection" (formally "orthogonal projection") of P onto $\mathcal{U}$ if $\overrightarrow{PQ}$ is perpendicular to $\mathcal{U}$. The mapping of P to Q, which is a linear mapping, is also called the "projection" and is denoted by $\boldsymbol{P}_{\mathcal{U}}$.

反射影　rejection：点 $P \in \mathcal{R}^n$ が点 $Q \in \mathcal{U}$ へ射影されるとき，点 P を点 Q の「反射影」と呼ぶ.

If point $P \in \mathcal{R}^n$ is projected to point $Q \in \mathcal{U}$, the point $P \in \mathcal{R}^n$ is the "rejection" of point Q.

射影行列　projection matrix：$\mathcal{R}^n$ からその部分空間 $\mathcal{U}$ への射影 $\boldsymbol{P}_{\mathcal{U}}$ を表す

行列．

The matrix that represents the projection $\boldsymbol{P}_{\mathcal{U}}$ from $\mathcal{R}^n$ onto its subspace $\mathcal{U}$.

直交補空間　orthogonal complement：$\mathcal{R}^n$ の部分空間$\mathcal{U}$に対して，すべての $\boldsymbol{u} \in \mathcal{U}$ に直交するベクトルの全体からなる部分空間．これを$\mathcal{U}^\perp$ と書く．

For a subspace $\mathcal{U}$ of $\mathcal{R}^n$, the subspace consisting of vectors orthogonal to all $\boldsymbol{u} \in \mathcal{U}$ is called its "orthogonal complement" and is denoted by $\mathcal{U}^\perp$.

直和分解　direct sum decomposition：$\mathcal{R}^n$ の元を，部分空間$\mathcal{U}$とその直交補空間$\mathcal{U}^\perp$ の元の和によって表すこと．表し方は一意的である．

Expressing every element of $\mathcal{R}^n$ as the sum of an element of a subspace $\mathcal{U}$ and its orthogonal complement $\mathcal{U}^\perp$. The expression is unique.

べき等行列　idempotent matrix：何乗しても変化しない行列．射影行列 $\boldsymbol{P}_{\mathcal{U}}$ はべき等である．

A matrix whose any power is equal to it is "idempotent." The projection matrix $\boldsymbol{P}_{\mathcal{U}}$ is idempotent.

射影長　projected length：部分空間へ射影したベクトルの長さ（ノルム）．

The length (norm) of the vector projected onto a subspace.

正規直交系　orthonormal system：互いに直交するベクトルの組．

A set of mutually orthogonal unit vectors.

シュミットの直交化　Schmidt orthogonalization：線形独立なベクトルから正規直交系を作り出す手順．すでに作られた正規直交系に直交する部分空間（直交補空間）への射影行列を作り，これを次のベクトルに掛ける．それを単位ベクトルに正規化し，これを繰り返す．「グラム・シュミットの直交化」ともいう．

A procedure for converting a set of linearly independent vectors to an orthonormal system. From the already obtained orthonormal set of vectors, we define the projection matrix onto the subspace orthogonal to them, i.e., their orthogonal complement. We apply it to the next vector, normalize it to unit norm, and repeat this. Also called the "Gram–Schmidt orthogonalization."

- $\mathcal{R}^n$ から $\mathcal{R}^m$ への線形写像 $\boldsymbol{A}$ は，$\mathcal{R}^n$ の正規直交基底 $\{\boldsymbol{u}_i\}$ とその像 $\boldsymbol{a}_i = \boldsymbol{A}\boldsymbol{u}_i$, $i = 1, \ldots, n$ によって，$\boldsymbol{A} = \sum_{i=1}^{n} \boldsymbol{a}_i \boldsymbol{u}_i^\top$ と書ける（式(1.1)）.

  A linear mapping $\boldsymbol{A}$ from $\mathcal{R}^n$ to $\mathcal{R}^m$ is expressed as $\boldsymbol{A} = \sum_{i=1}^{n} \boldsymbol{a}_i \boldsymbol{u}_i^\top$ in terms of an orthogonal basis $\{\boldsymbol{u}_i\}$ and its image $\boldsymbol{a}_i = \boldsymbol{A}\boldsymbol{u}_i$, $i = 1, \ldots,$ n (Eq. (1.1)).

- $\mathcal{R}^n$ から $\mathcal{R}^m$ への線形写像 $\boldsymbol{A}$ は，$\mathcal{R}^n$ の自然基底 $\{\boldsymbol{e}_i\}$ の像 $\boldsymbol{a}_i$, $i = 1, \ldots,$ n を列として並べた行列 $\boldsymbol{A} = \begin{pmatrix} \boldsymbol{a}_1 & \cdots & \boldsymbol{a}_n \end{pmatrix}$ で表される（式(1.3)）.

  A linear mapping $\boldsymbol{A}$ from $\mathcal{R}^n$ to $\mathcal{R}^m$ is represented by the matrix $\boldsymbol{A} = \begin{pmatrix} \boldsymbol{a}_1 & \cdots & \boldsymbol{a}_n \end{pmatrix}$ whose columns $\boldsymbol{a}_i$, $i = 1, \ldots, n$ are the image of the natural basis $\{\boldsymbol{e}_i\}$ of $\mathcal{R}^n$ (Eq. (1.3)).

- 点 P の部分空間 $\mathcal{U}$ への射影 Q は，$\mathcal{U}$ の P から最短の点である（式(1.4)）.

  The projection Q of a point P onto a subspace $\mathcal{U}$ is the point of $\mathcal{U}$ that is the closest to P (Eq. (1.4)).

- 点 P は部分空間 $\mathcal{U}$ への射影とそれからの反射影の和に書ける．これは部分空間 $\mathcal{U}$ とその直交補空間 $\mathcal{U}^\perp$ への直和分解を与える（式(1.5)）.

  A point P is written as the sum of its projection onto a subspace $\mathcal{U}$ and the rejection from it. This defines the direct sum decomposition into the subspace $\mathcal{U}$ and its orthogonal complement (Eq. (1.5)).

- 正規直交系 $\{\boldsymbol{u}_i\}$, $i = 1, \ldots, r$ の張る部分空間への射影行列は $\boldsymbol{P}_{\mathcal{U}} =$

$\sum_{i=1}^{r} \boldsymbol{u}_i \boldsymbol{u}_i^\top$ と書ける（式 (1.8)）.

The projection matrix onto the subspace spanned by an orthonormal system $\{\boldsymbol{u}_i\}$, $i = 1, \ldots, r$, is written as $\boldsymbol{P}_{\mathcal{U}} = \sum_{i=1}^{r} \boldsymbol{u}_i \boldsymbol{u}_i^\top$ (Eq. (1.8)).

- ベクトル $\boldsymbol{x}$ の2乗ノルム $\|\boldsymbol{x}\|^2$ は，それを部分空間 $\mathcal{U}$ とその直交補空間 $\mathcal{U}^\perp$ へ射影したベクトルの2乗ノルムの和に等しい（式 (1.12)）.

  The square norm $\|\boldsymbol{x}\|^2$ of vector $\boldsymbol{x}$ equals the sum of the square norm of its projection onto a subspace $\mathcal{U}$ and the square norm of its projection onto its orthogonal complement $\mathcal{U}^\perp$ (Eq. (1.12)).

- ベクトル $\boldsymbol{x}$ の直線上の射影長は，その直線の単位方向ベクトル $\boldsymbol{u}$ との内積 $\langle \boldsymbol{x}, \boldsymbol{u} \rangle$ に等しい.

  The projected length of vector $\boldsymbol{x}$ onto a line is given by the inner product $\langle \boldsymbol{x}, \boldsymbol{u} \rangle$ with the unit direction vector $\boldsymbol{u}$ of the line.

- 与えられた線形独立なベクトル $\{\boldsymbol{a}_i\}$ から，シュミットの直交化によって正規直交系 $\{\boldsymbol{u}_i\}$ を作ることができる.

  From a given set of linearly independent vectors $\{\boldsymbol{a}_i\}$, we can produce an orthonormal set $\{\boldsymbol{u}_i\}$ by the Schmidt orthogonalization.

第1章の問題　Problems of Chapter 1

1.1. (1) m 次元ベクトル $\boldsymbol{a} = \begin{pmatrix} a_i \end{pmatrix}$ と n 次元ベクトル $\boldsymbol{b} = \begin{pmatrix} b_i \end{pmatrix}$（それぞれ，第 i 成分が a_i, b_i のベクトルの略記）に対して

$$\boldsymbol{a}\boldsymbol{b}^\top = \begin{pmatrix} a_i b_j \end{pmatrix} \tag{1.22}$$

であることを示せ．ただし，右辺は第 (i, j) 要素が $a_i b_j$ の $m \times n$ 行列の略記である.

(2) $m = n$ のとき，次の関係が成り立つことを示せ.

$$\mathrm{tr}(\boldsymbol{a}\boldsymbol{b}^\top) = \langle \boldsymbol{a}, \boldsymbol{b} \rangle \tag{1.23}$$

ただし，tr は行列のトレース（対角和）である．

1.2. 部分空間$\mathcal{U}$の点 Q を$\mathcal{U}$の基底によって表し，点 P からの2乗距離を微分して，$\mathcal{U}$の P から最短の点は P の射影 Q であることを示せ．

1.3. 式 (1.8) を用いて、式 (1.13), (1.14) が成り立つことを示せ．

1.4.* 対称かつべき等な行列 $\boldsymbol{P}$ はある部分空間への射影行列であることを示せ．

第2章

固有値とスペクトル分解
Eigenvalues and Spectral Decomposition

本章では，対称行列がその固有値と固有ベクトルによって表せることを示す．これは対称行列の「スペクトル分解」と呼ばれる．これを用いると，対称行列は「直交行列」によって対角行列に変換できる．これは対称行列の「対角化」と呼ばれる．また，スペクトル分解によって，対称行列の逆行列やべき乗が表現できる．

In this chapter, we show that a symmetric matrix can be expressed in terms of its eigenvalues and eigenvectors. This is called the "spectral decomposition" of a symmetric matrix. This allows us to convert a symmetric matrix into a diagonal matrix using an "orthogonal matrix." This is called the "diagonalization" of a symmetric matrix. We can also express the inverse and powers of a symmetric matrix in terms of its spectral decomposition.

2.1 固有値と固有ベクトル Eigenvalues and Eigenvectors

$\boldsymbol{A}$ を $n \times n$ 対称行列とするとき，よく知られているように（$\hookrightarrow$ Appendix A.9 節），

$$\boldsymbol{A}\boldsymbol{u} = \lambda \boldsymbol{u}, \qquad \boldsymbol{u} \neq \boldsymbol{0} \tag{2.1}$$

となる n 組の**固有値** (eigenvalue) と呼ぶ実数 λ と**固有ベクトル** (eigenvector) と呼ぶ $\boldsymbol{0}$ でないベクトル $\boldsymbol{u}$ が存在する．n 個の固有値 $\lambda_1, \ldots, \lambda_n$（重複するものがあってもよい）は**固有方程式** (characteristic equation) と呼ぶ n 次方程式

$$\phi(\lambda) \equiv |\lambda \boldsymbol{I} - \boldsymbol{A}| = 0 \tag{2.2}$$

の解として与えられる（$\boldsymbol{I}$ は $n \times n$ 単位行列，$|\cdots|$ は行列式）．n 次多項式 $\phi(\lambda)$ を**固有多項式** (characteristic polynomial) と呼ぶ．そして，対応する固有ベクトル $\{\boldsymbol{u}_i\}$, $i = 1, \ldots, n$ は正規直交系に選ぶことができる（$\hookrightarrow$ Appendix A.9 節）．これは $\mathcal{R}^n$ の正規直交基底とみなせる．

しかし，実際に固有値と固有ベクトルを求めるには，固有方程式を解く必要はない．精度よく高速に計算できる，反復による数値解法のソフトウェアツールがいろいろ提供されている．代表的なのは**ヤコビ法** (Jacobi method) と**ハウスホルダー法** (Householder method) である．

2.2　スペクトル分解　Spectral Decomposition

$\boldsymbol{A}$ の固有値を $\lambda_1, \ldots, \lambda_n$ とし，対応する固有ベクトルの正規直交系を $\{\boldsymbol{u}_i\}$, $i = 1, \ldots, n$ とすると，$\{\boldsymbol{u}_i\}$ は $\mathcal{R}^n$ の正規直交基底となる．式 (2.1) は，$\boldsymbol{A}$ が正規直交基底 $\{\boldsymbol{u}_1, \ldots, \boldsymbol{u}_n\}$ をそれぞれ $\lambda_1 \boldsymbol{u}_1, \ldots, \lambda_n \boldsymbol{u}_n$ に写像することを意味するから，式 (1.1) より，$\boldsymbol{A}$ は次のように表せる．

$$\boldsymbol{A} = \lambda_1 \boldsymbol{u}_1 \boldsymbol{u}_1^\top + \cdots + \lambda_n \boldsymbol{u}_n \boldsymbol{u}_n^\top \tag{2.3}$$

すなわち，**対称行列はその固有値と固有ベクトルによって表すことができる**．これを**スペクトル分解** (spectral decomposition) と呼ぶ（固有値は「スペクトル」(spectrum) とも呼ばれることによる）．あるいは，**固有値分解** (eigenvalue decompositon) とも呼ばれる．

式 (2.3) の各 $\boldsymbol{u}_i \boldsymbol{u}_i^\top$ は，各固有ベクトル $\boldsymbol{u}_i$ の方向（これを $\boldsymbol{A}$ の**主軸** (principal axis) と呼ぶ）への射影行列であるから（$\hookrightarrow$ 式 (1.15)），式 (2.3) は行列 $\boldsymbol{A}$ を各主軸方向への射影行列の線形結合で表すものである．したがって，対称行列による空間の変換は，各点を主軸方向に射影して，固有値倍し，それをすべての主軸にわたって足し合わせたものとも解釈できる．

単位行列 $\boldsymbol{I}$ は，任意の正規直交基底 $\{\boldsymbol{u}_i\}$, $i = 1, \ldots, n$ に対して $\boldsymbol{I}\boldsymbol{u}_i = \boldsymbol{u}_i$ であり，固有値はすべて 1 であるから，次のスペクトル分解を持つ（$\hookrightarrow$ 式 (1.11)）．

$$\boldsymbol{I} = \boldsymbol{u}_1 \boldsymbol{u}_1^\top + \cdots + \boldsymbol{u}_n \boldsymbol{u}_n^\top \tag{2.4}$$

2.3　ランク　Rank

行列 $\boldsymbol{A}$ の n 本の列のうちの線形独立なものの個数，あるいは n 本の行のうちの線形独立なものの個数を，その行列の**ランク** (rank) と呼ぶ．

$\boldsymbol{A}$ の列 $\boldsymbol{a}_1, \ldots, \boldsymbol{a}_n$ の任意の線形結合

$$c_1\boldsymbol{a}_1 + \cdots + c_n\boldsymbol{a}_n = \begin{pmatrix} \boldsymbol{a}_1 & \cdots & \boldsymbol{a}_n \end{pmatrix} \begin{pmatrix} c_1 \\ \vdots \\ c_n \end{pmatrix} = \boldsymbol{A}\boldsymbol{c} \tag{2.5}$$

を考える．ただし，$\boldsymbol{c} = \begin{pmatrix} c_i \end{pmatrix}$ と置いた．n 個の固有値のうち 0 でないものの個数を r とすれば，式 (2.3) で $\lambda_{r+1} = \cdots = \lambda_n = 0$ と置いて，次のように書くことができる．

$$\begin{aligned} \boldsymbol{A}\boldsymbol{c} &= \lambda_1\boldsymbol{u}_1\boldsymbol{u}_1^\top\boldsymbol{c} + \cdots + \lambda_r\boldsymbol{u}_r\boldsymbol{u}_r^\top\boldsymbol{c} \\ &= \lambda_1\langle\boldsymbol{u}_1, \boldsymbol{c}\rangle\boldsymbol{u}_1 + \cdots + \lambda_r\langle\boldsymbol{u}_r, \boldsymbol{c}\rangle\boldsymbol{u}_r \end{aligned} \tag{2.6}$$

すなわち，$\boldsymbol{A}$ の列の任意の線形結合は，互いに直交する（したがって，線形独立な）$\boldsymbol{u}_1, \ldots, \boldsymbol{u}_r$ の線形結合で書ける ($\hookrightarrow$ Problem 2.1)．ゆえに，$\boldsymbol{a}_1, \ldots, \boldsymbol{a}_n$ の張る部分空間の次元は r であり，n 本の列のうち r 本しか線形独立ではない．したがって，**行列 $\boldsymbol{A}$ のランク r は，非零の固有値の個数に等しい．**

$\boldsymbol{A}$ は対称行列であるから，行についても同じことが言える．すなわち，n 本の行のうち r 本のみが線形独立である．

2.4　対称行列の対角化　Diagonalization of Symmetric Matrices

式 (2.3) は次のように書き直せる ($\hookrightarrow$ Problem 2.2)．

$$A = \begin{pmatrix} \lambda_1 \boldsymbol{u}_1 & \cdots & \lambda_n \boldsymbol{u}_n \end{pmatrix} \begin{pmatrix} \boldsymbol{u}_1^\top \\ \vdots \\ \boldsymbol{u}_n^\top \end{pmatrix} = \begin{pmatrix} \boldsymbol{u}_1 & \cdots & \boldsymbol{u}_n \end{pmatrix} \begin{pmatrix} \lambda_1 & & \\ & \ddots & \\ & & \lambda_n \end{pmatrix} \begin{pmatrix} \boldsymbol{u}_1^\top \\ \vdots \\ \boldsymbol{u}_n^\top \end{pmatrix}$$

$$= \boldsymbol{U} \begin{pmatrix} \lambda_1 & & \\ & \ddots & \\ & & \lambda_n \end{pmatrix} \boldsymbol{U}^\top \tag{2.7}$$

ここに

$$\boldsymbol{U} = \begin{pmatrix} \boldsymbol{u}_1 & \cdots & \boldsymbol{u}_n \end{pmatrix} \tag{2.8}$$

は $\boldsymbol{u}_1, \ldots, \boldsymbol{u}_n$ を列とする**直交行列** (orthogonal matrix)（列が正規直交系をなす行列）であり，次式が成り立つ ($\hookrightarrow$ Problem 2.3).

$$\boldsymbol{U}^\top \boldsymbol{U} = \boldsymbol{I} \tag{2.9}$$

$\boldsymbol{U}$ が直交行列であれば，その転置 $\boldsymbol{U}^\top$ も直交行列である ($\hookrightarrow$ Problem 2.4). したがって，直交行列の行も正規直交系をなす．式 (2.7) の両辺に左から $\boldsymbol{U}^\top$，右から $\boldsymbol{U}$ を掛けると，式 (2.9) より，次の関係が得られる．

$$\boldsymbol{U}^\top \boldsymbol{A} \boldsymbol{U} = \begin{pmatrix} \lambda_1 & & \\ & \ddots & \\ & & \lambda_n \end{pmatrix} \tag{2.10}$$

すなわち，**対称行列はその固有ベクトルを列とする行列を右から，その転置を左から掛けると，固有値を対角要素とする対角行列となる**．これを対称行列の**対角化** (diagonalization) と呼ぶ．

2.5　逆行列とべき乗　Inverse and Powers

$\boldsymbol{A}$ が**正則行列** (nonsingular matrix)（すべての固有値が非零，すなわち

ランクが n の行列[1]）であれば，逆行列 $\boldsymbol{A}^{-1}$ が存在する．式 (2.1) の両辺に $\boldsymbol{A}^{-1}$ を掛けると，$\boldsymbol{u} = \lambda \boldsymbol{A}^{-1}\boldsymbol{u}$ となる．すなわち $\boldsymbol{A}^{-1}\boldsymbol{u} = (1/\lambda)\boldsymbol{u}$ であり，$\boldsymbol{A}^{-1}$ は $\boldsymbol{A}$ と同じ固有ベクトル $\boldsymbol{u}$ を持つ．そして，固有値は $1/\lambda$ である．ゆえに $\boldsymbol{A}^{-1}$ は次のスペクトル分解を持つ ($\hookrightarrow$ Problem 2.5).

$$\boldsymbol{A}^{-1} = \frac{1}{\lambda_1}\boldsymbol{u}_1\boldsymbol{u}_1^\top + \cdots + \frac{1}{\lambda_n}\boldsymbol{u}_n\boldsymbol{u}_n^\top \tag{2.11}$$

そして，式 (2.7), (2.10) と同様に，次の行列の関係式が得られる．

$$\boldsymbol{A}^{-1} = \boldsymbol{U}\begin{pmatrix} 1/\lambda_1 & & \\ & \ddots & \\ & & 1/\lambda_n \end{pmatrix}\boldsymbol{U}^\top, \qquad \boldsymbol{U}^\top\boldsymbol{A}^{-1}\boldsymbol{U} = \begin{pmatrix} 1/\lambda_1 & & \\ & \ddots & \\ & & 1/\lambda_n \end{pmatrix} \tag{2.12}$$

式 (2.1) より，$\boldsymbol{A}^2\boldsymbol{u} = \lambda\boldsymbol{A}\boldsymbol{u} = \lambda^2\boldsymbol{u}$, $\boldsymbol{A}^3\boldsymbol{u} = \lambda^2\boldsymbol{A}\boldsymbol{u} = \lambda^3\boldsymbol{u}$, ... であるから，$\boldsymbol{A}^N\boldsymbol{u} = \lambda^N\boldsymbol{u}$ である．したがって，任意の自然数 N に対して，$\boldsymbol{A}^N$ は $\boldsymbol{A}$ と同じ固有ベクトルを持ち，固有値は λ^N である．ゆえに，スペクトル分解は

$$\boldsymbol{A}^N = \lambda_1^N\boldsymbol{u}_1\boldsymbol{u}_1^\top + \cdots + \lambda_n^N\boldsymbol{u}_n\boldsymbol{u}_n^\top \tag{2.13}$$

となる．これから，式 (2.12) に対応して，

$$\boldsymbol{A}^N = \boldsymbol{U}\begin{pmatrix} \lambda_1^N & & \\ & \ddots & \\ & & \lambda_n^N \end{pmatrix}\boldsymbol{U}^\top, \qquad \boldsymbol{U}^\top\boldsymbol{A}^N\boldsymbol{U} = \begin{pmatrix} \lambda_1^N & & \\ & \ddots & \\ & & \lambda_n^N \end{pmatrix} \tag{2.14}$$

が得られる．そして，式 (2.13) より，任意の多項式 $f(x)$ に対して，

$$f(\boldsymbol{A}) = f(\lambda_1)\boldsymbol{u}_1\boldsymbol{u}_1^\top + \cdots + f(\lambda_n)\boldsymbol{u}_n\boldsymbol{u}_n^\top \tag{2.15}$$

[1] 正則行列とは行列式（＝すべての固有値の積）が 0 でない行列，あるいは逆行列を持つ行列であるといってもよい．

$$f(\boldsymbol{A}) = \boldsymbol{U}\begin{pmatrix} f(\lambda_1) & & \\ & \ddots & \\ & & f(\lambda_n) \end{pmatrix}\boldsymbol{U}^\top, \quad \boldsymbol{U}^\top f(\boldsymbol{A})\boldsymbol{U} = \begin{pmatrix} f(\lambda_1) & & \\ & \ddots & \\ & & f(\lambda_n) \end{pmatrix} \tag{2.16}$$

が成り立つ．これは，べき級数展開が収束する任意の関数 $f(x)$ に拡張できる．さらには，$f(\lambda_i)$, $i = 1, \ldots, n$ が定義できる任意の関数 $f(x)$ に対しても，式 (2.15) によって $f(\boldsymbol{A})$ が定義できる．例えば，$\boldsymbol{A}$ のすべての固有値が非負のとき（そのような行列は**半正値** (positive semidefinite) であるという．すべての固有値が正なら**正値** (positive definite) であるという），その“平方根” $\sqrt{\boldsymbol{A}}$ が次のように定義される ($\hookrightarrow$ Problem 2.6).

$$\sqrt{\boldsymbol{A}} = \sqrt{\lambda_1}\boldsymbol{u}_1\boldsymbol{u}_1^\top + \cdots + \sqrt{\lambda_n}\boldsymbol{u}_n\boldsymbol{u}_n^\top \tag{2.17}$$

$$\sqrt{\boldsymbol{A}} = \boldsymbol{U}\begin{pmatrix} \sqrt{\lambda_1} & & \\ & \ddots & \\ & & \sqrt{\lambda_n} \end{pmatrix}\boldsymbol{U}^\top, \quad \boldsymbol{U}^\top\sqrt{\boldsymbol{A}}\boldsymbol{U} = \begin{pmatrix} \sqrt{\lambda_1} & & \\ & \ddots & \\ & & \sqrt{\lambda_n} \end{pmatrix} \tag{2.18}$$

式 (2.4), (2.11) は，式 (2.13) で $N = 0, -1$ としたものとみなせる．ただし，$\boldsymbol{A}^0 = \boldsymbol{I}$ と約束する．$\boldsymbol{A}$ が正則行列のとき，自然数 N に対して $\boldsymbol{A}^{-N} = (\boldsymbol{A}^{-1})^N$ $(= (\boldsymbol{A}^N)^{-1})$ と定義すれば ($\hookrightarrow$ Problem 2.7)，式 (2.11) と式 (2.13) を組み合わせて，式 (2.13) がすべての整数 N に対して成り立つことがわかる．さらに，$\boldsymbol{A}$ が正値対称行列であれば，N は任意の実数に拡張される．

用語とまとめ　Glossary and Summary

固有値　eigenvalue：$n \times n$ 行列 $\boldsymbol{A}$ に対して，$\boldsymbol{A}\boldsymbol{u} = \lambda\boldsymbol{u}$, $\boldsymbol{u} \neq \boldsymbol{0}$ が成り立つ数値 λ（実数または複素数）．そのような $\boldsymbol{u}$ を λ に対する「固有ベクトル」と呼ぶ．

A (real or complex) number λ such that $\boldsymbol{A}\boldsymbol{u} = \lambda\boldsymbol{u}$, $\boldsymbol{u} \neq \boldsymbol{0}$, holds for an $n \times n$ matrix $\boldsymbol{A}$; the vector $\boldsymbol{u}$ is called the “eigenvector” of $\boldsymbol{A}$ for the eigenvalue λ.

固有多項式 characteristic polynomial：$\phi(\lambda) = |\lambda \boldsymbol{I} - \boldsymbol{A}|$ で定義される変数 λ の n 次多項式（$\boldsymbol{I}$ は $n \times n$ 単位行列，$|\cdots|$ は行列式）.

The polynomial of degree n in variable λ defined by $\phi(\lambda) = |\lambda \boldsymbol{I} - \boldsymbol{A}|$, where $\boldsymbol{I}$ is the $n \times n$ identity matrix and $|\cdots|$ designates the determinant.

固有方程式 characteristic equation：固有多項式を0と置いて得られる λ の n 次方程式 $\phi(\lambda) = 0$. 行列 $\boldsymbol{A}$ の固有値はすべてその固有方程式の解である.

The nth degree equation $\phi(\lambda) = 0$ of λ obtained by letting the characteristic polynomial be 0. All eigenvalues of the matrix $\boldsymbol{A}$ are the roots of the characteristic equation.

スペクトル分解 spectral decomposition：$n \times n$ 対称行列 $\boldsymbol{A}$ を，その固有値 λ_i と固有ベクトル $\boldsymbol{u}_i$, $i = 1, \ldots, n$ によって $\boldsymbol{A} = \sum_{i=1}^{n} \lambda_i \boldsymbol{u}_i \boldsymbol{u}_i^\top$ と表すこと.

The expression of an $n \times n$ symmetric matrix $\boldsymbol{A}$ in terms of its eigenvalues λ_i and eigenvectors $\boldsymbol{u}_i$, $i = 1, \ldots, n$, in the form $\boldsymbol{A} = \sum_{i=1}^{n} \lambda_i \boldsymbol{u}_i \boldsymbol{u}_i^\top$.

主軸 principal axis：対称行列の各固有ベクトル $\boldsymbol{u}_i$, $i = 1, \ldots, n$ の指す方向.

The directions of the eigenvectors $\boldsymbol{u}_i$, $i = 1, \ldots, n$, of a symmetric matrix.

ランク rank：行列の線形独立な列の数（＝線形独立な行の数）. 対称行列では，零でない固有値の個数に等しい.

The number of linearly independent columns of a matrix (= the number of its independent rows). For a symmetric matrix, it equals the number of its nonzero eigenvalues.

直交行列　orthogonal matrix：列が正規直交系となる $n \times n$ 行列．行も正規直交系となる．

An $n \times n$ matrix whose columns are an orthonormal system. Its rows are also an orthonormal system.

対角化　diagonalization：対称行列に，固有ベクトルを列とする行列を右から，その転置を左から掛けて，固有値を対角要素とする対角行列にすること．

Converting a symmetric matrix into a diagonal matrix with its eigenvalues as the diagonal elements. This is done by multiplying it by the matrix consisting of its eigenvectors as the columns from right and by its transpose from left.

正則行列　nonsingular matrix：すべての固有値が非零の $n \times n$ 行列 $\boldsymbol{A}$．ランクが n の行列，逆行列 $\boldsymbol{A}^{-1}$ が存在する行列，行列式 $|\boldsymbol{A}|$ が0でない行列とも言える．

An $n \times n$ matrix $\boldsymbol{A}$ whose eigenvalues are all nonzero. Equivalently, $\boldsymbol{A}$ has rank n, its inverse $\boldsymbol{A}^{-1}$ exists, or its determinant $|\boldsymbol{A}|$ is nonzero.

正値対称行列　positive definite symmetric matrix：固有値がすべて正の対称行列．固有値が正または零のときは「半正値対称行列」という．

A symmetric matrix whose eigenvalues are all positive. If the eigenvalues are positive or zero, it is a “positive semidefinite symmetric matrix.”

- 対称行列の固有値 λ はすべて実数であり，固有ベクトル $\boldsymbol{u}$ も実数成分である．

  All eigenvalues λ of a symmetric matrix are real, and their eigenvectors $\boldsymbol{u}$ consist of real components.

- 固有値，固有ベクトルを計算するソフトウェアが提供されている．

Software tools are available for computing eigenvalues and eigenvectors.

- 対称行列の異なる固有値に対する固有ベクトルは直交する．

  Eigenvectors for different eigenvalues are orthogonal to each other.

- $n \times n$ 対称行列の固有ベクトル $\{\boldsymbol{u}_i\}$, $i = 1, \ldots, n$ は $\mathcal{R}^n$ の正規直交基底をつくる．

  The eigenvectors $\{\boldsymbol{u}_i\}$, $i = 1, \ldots, n$, of an $n \times n$ symmetric matrix define an orthonormal basis of $\mathcal{R}^n$.

- $n \times n$ 対称行列 $\boldsymbol{A}$ は，その固有値 λ_i と固有ベクトル $\boldsymbol{u}_i$, $i = 1, \ldots, n$ によって $\boldsymbol{A} = \sum_{i=1}^{n} \lambda_i \boldsymbol{u}_i \boldsymbol{u}_i^\top$ と表せる（「スペクトル分解」）．

  An $n \times n$ symmetric matrix is expressed in terms of its eigenvalues λ_i and eigenvectors $\boldsymbol{u}_i$, $i = 1, \ldots, n$, in the form $\boldsymbol{A} = \sum_{i=1}^{n} \lambda_i \boldsymbol{u}_i \boldsymbol{u}_i^\top$ ("spectral decomposition").

- 対称行列 $\boldsymbol{A}$ のスペクトル分解は，固有ベクトルを列として並べた行列 $\boldsymbol{U}$ と固有値を対角要素とする対角行列 $\boldsymbol{\Lambda}$ によって，$\boldsymbol{A} = \boldsymbol{U}\boldsymbol{\Lambda}\boldsymbol{U}^\top$ と書ける．

  The spectral decomposition of a symmetric matrix $\boldsymbol{A}$ is written as $\boldsymbol{A} = \boldsymbol{U}\boldsymbol{\Lambda}\boldsymbol{U}^\top$, where $\boldsymbol{U}$ is a matrix consisting of the eigenvectors as its columns and $\boldsymbol{\Lambda}$ is a diagonal matrix with the eigenvalues as its diagonal elements.

- 対称行列 $\boldsymbol{A}$ の零でない固有値の数は，$\boldsymbol{A}$ の線形独立な列の個数，および線形独立な行の個数（＝行列 $\boldsymbol{A}$ の「ランク」）に等しい．

  The number of nonzero eigenvalues of a symmetric matrix $\boldsymbol{A}$ is equal to the number of linearly independent columns of $\boldsymbol{A}$ and to the number of its linearly independent rows (= the "rank" of the matrix $\boldsymbol{A}$).

- 対称行列 $\boldsymbol{A}$ は，固有ベクトルを列とする行列 $\boldsymbol{U}$ を右から，その転置 $\boldsymbol{U}^\top$ を左から掛けると，$\boldsymbol{U}^\top\boldsymbol{A}\boldsymbol{U}$ が固有値を対角要素とする対角行列となる（対称行列の「対角化」）．

  A symmetric matrix $\boldsymbol{A}$ is converted to a diagonal matrix $\boldsymbol{U}^\top\boldsymbol{A}\boldsymbol{U}$ with its eigenvalues as the diagonal elements by multiplying $\boldsymbol{A}$ by the matrix $\boldsymbol{U}$ consisting of its eigenvectors from right and by the transpose $\boldsymbol{U}^\top$ from left (diagonalization of a symmetric matrix).

- 正則な対称行列 $\boldsymbol{A}$ がスペクトル分解 $\boldsymbol{A} = \sum_{i=1}^n \lambda_i \boldsymbol{u}_i \boldsymbol{u}_i^\top$ を持つとき，その逆行列は $\boldsymbol{A}^{-1} = \sum_{i=1}^n (1/\lambda_i) \boldsymbol{u}_i \boldsymbol{u}_i^\top$ である．

  For a nonsingular symmetric matrix $\boldsymbol{A}$ having the spectral decomposition $\boldsymbol{A} = \sum_{i=1}^n \lambda_i \boldsymbol{u}_i \boldsymbol{u}_i^\top$, its inverse is given by $\boldsymbol{A}^{-1} = \sum_{i=1}^n (1/\lambda_i) \boldsymbol{u}_i \boldsymbol{u}_i^\top$.

- 正値対称行列 $\boldsymbol{A}$ がスペクトル分解 $\boldsymbol{A} = \sum_{i=1}^n \lambda_i \boldsymbol{u}_i \boldsymbol{u}_i^\top$ を持つとき，任意の実数 N（負でも非正数でもよい）に対するべき乗は $\boldsymbol{A}^N = \sum_{i=1}^n \lambda_i^N \boldsymbol{u}_i \boldsymbol{u}_i^\top$ である．

  For a positive definite symmetric matrix $\boldsymbol{A}$ having the spectral decomposition $\boldsymbol{A} = \sum_{i=1}^n \lambda_i \boldsymbol{u}_i \boldsymbol{u}_i^\top$, its Nth power is given by $\boldsymbol{A}^N = \sum_{i=1}^n \lambda_i^N \boldsymbol{u}_i \boldsymbol{u}_i^\top$, where N is an arbitrary real number, which can be negative or non-integer.

第2章の問題　Problems of Chapter 2

2.1. 互いに直交する $\boldsymbol{0}$ でないベクトル $\boldsymbol{u}_1, \ldots, \boldsymbol{u}_m$ は線形独立であることを示せ．

2.2. n 次元ベクトル $\boldsymbol{a}_1, \ldots, \boldsymbol{a}_m$, $\boldsymbol{b}_1, \ldots, \boldsymbol{b}_m$ に対して，次の関係が成り立つことを示せ．

$$\sum_{i=1}^m \boldsymbol{a}_i \boldsymbol{b}_i^\top = \begin{pmatrix} \boldsymbol{a}_1 & \cdots & \boldsymbol{a}_m \end{pmatrix} \begin{pmatrix} \boldsymbol{b}_1^\top \\ \vdots \\ \boldsymbol{b}_m^\top \end{pmatrix} = \boldsymbol{A}\boldsymbol{B}^\top \tag{2.19}$$

ただし，$\boldsymbol{A}, \boldsymbol{B}$ はそれぞれ $\boldsymbol{a}_1, \ldots, \boldsymbol{a}_m$，および $\boldsymbol{b}_1, \ldots, \boldsymbol{b}_m$ を列とする $n \times m$ 行列である．

2.3. $\boldsymbol{U}$ が直交行列である条件，すなわち，列が正規直交系をなす必要十分条

件は式 (2.9) で与えられることを示せ.

2.4. $\boldsymbol{U}$ が直交行列のとき，$\boldsymbol{U}^\top$ も直交行列であること，すなわち直交行列は列のみならず，行も正規直交系をなすことを示せ.

2.5. 式 (2.3) の $\boldsymbol{A}$ と式 (2.11) の $\boldsymbol{A}^{-1}$ に対し，両者を掛けることによって，$\boldsymbol{A}^{-1}\boldsymbol{A} = \boldsymbol{I}$ が成り立つことを示せ.

2.6. 式 (2.17)，および式 (2.18) の第 1 式によって定義した $\sqrt{\boldsymbol{A}}$ に対して，$(\sqrt{\boldsymbol{A}})^2 = \boldsymbol{A}$ となっていることを示せ.

2.7. $\boldsymbol{A}$ が正則行列のとき，すべての自然数 N に対して

$$(\boldsymbol{A}^{-1})^N = (\boldsymbol{A}^N)^{-1} \tag{2.20}$$

であることを示せ.

第 3 章

特異値と特異値分解
Singular Values and Singular Decomposition

前章のスペクトル分解は対称行列（したがって，正方行列）に対するものである．これを任意の長方行列に拡張したものが本章の「特異値分解」である．これによって，任意の行列がその「特異値」と「特異ベクトル」によって表せる．特異ベクトルは，列および行の張る部分空間の基底であり，それらへの射影行列が定義される．

The spectral decomposition described in the preceding chapter is for symmetric matrices, hence for square matrices. Its extension to arbitrary rectangular matrices is the "singular value decomposition" to be described in this chapter. It can express any matrix in terms of its "singular values" and "singular vectors." The singular vectors form a basis of the subspace spanned by the columns or the rows, defining a projection matrix onto it.

3.1 特異値と特異ベクトル　Singular Values and Singular Vectors

零行列 $\boldsymbol{O}$（すべての要素が 0 の行列）ではない任意の $m \times n$ 行列 $\boldsymbol{A} \neq \boldsymbol{O}$ に対して

$$\boldsymbol{A}\boldsymbol{v} = \sigma \boldsymbol{u}, \qquad \boldsymbol{A}^\top \boldsymbol{u} = \sigma \boldsymbol{v}, \qquad \sigma > 0, \quad \boldsymbol{u} \neq \boldsymbol{0}, \quad \boldsymbol{v} \neq \boldsymbol{0} \tag{3.1}$$

となる正数 σ (> 0) を**特異値** (singular value) と呼び，m 次元ベクトル $\boldsymbol{u}$ $(\neq \boldsymbol{0})$，n 次元ベクトル $\boldsymbol{v}$ $(\neq \boldsymbol{0})$ をそれぞれ，**左特異ベクトル** (left singular vector)，**右特異ベクトル** (right singular vector)，合わせて**特異ベクトル** (singular vector) と呼ぶ．そのような特異値と特異ベクトルの組の個数 r は

行列 $\boldsymbol{A}$ のランク（＝線形独立な列の数，線形独立な行の数）だけ存在する (後述).

式 (3.1) の第 2 式の両辺に $\boldsymbol{A}$ を左から掛け，第 1 式の両辺に $\boldsymbol{A}^\top$ を左から掛けると，

$$\boldsymbol{A}\boldsymbol{A}^\top \boldsymbol{u} = \sigma^2 \boldsymbol{u}, \qquad \boldsymbol{A}^\top \boldsymbol{A}\boldsymbol{v} = \sigma^2 \boldsymbol{v} \tag{3.2}$$

であることがわかる．すなわち，左特異ベクトル $\boldsymbol{u}$ は $m \times m$ 対称行列 $\boldsymbol{A}\boldsymbol{A}^\top$ の固有ベクトルであり，右特異ベクトル $\boldsymbol{v}$ は $n \times n$ 対称行列 $\boldsymbol{A}^\top \boldsymbol{A}$ の固有ベクトルである．そして，特異値の 2 乗 σ^2 はそれらの固有値である ($\hookrightarrow$ Problem 3.1)．一方，$\boldsymbol{A}\boldsymbol{A}^\top$ と $\boldsymbol{A}^\top \boldsymbol{A}$ は共通の正の固有値 σ^2 を持ち，それぞれの固有ベクトル $\boldsymbol{u}, \boldsymbol{v}$ は式 (3.1) の関係で結ばれることが示される ($\hookrightarrow$ Problem 3.2).

$\boldsymbol{A}$ の特異値を $\sigma_1 \geq \cdots \geq \sigma_r$ (> 0) とする（重複するものがあってもよい）．対応する r 本の左特異ベクトル $\boldsymbol{u}_1, \ldots, \boldsymbol{u}_r$ と r 本の右特異ベクトル $\boldsymbol{v}_1, \ldots, \boldsymbol{v}_r$ は共に対称行列の固有ベクトルであるから，それぞれ正規直交系に選ぶことができる.

実際に特異値と特異ベクトルを求めるには，$\boldsymbol{A}\boldsymbol{A}^\top$，$\boldsymbol{A}^\top \boldsymbol{A}$ の固有値と固有ベクトルを計算する必要はない．精度よく高速に計算できる，反復による数値解法のソフトウェアツールがいろいろ提供されている．代表的なものは，ハウスホルダー法によって**二重対角行列** (bidiagonal matrix) に変換し，**ゴラブ・ラインシュ法** (Golub–Reinsch method) を適用する方法である.

3.2 特異値分解 Singular Value Decomposition

$m \times n$ 行列 $\boldsymbol{A}$ は，n 次元空間 $\mathcal{R}^n$ から m 次元空間 $\mathcal{R}^m$ への線形写像を定義する（$\hookrightarrow$ Appendix A.1 節）．r 本の左特異ベクトルの正規直交系 $\boldsymbol{u}_1, \ldots, \boldsymbol{u}_r$ を拡張して，$\mathcal{R}^m$ の正規直交基底 $\{\boldsymbol{u}_1, \ldots, \boldsymbol{u}_r, \boldsymbol{u}_{r+1}, \ldots, \boldsymbol{u}_m\}$ が定義できる．同様に，r 本の右特異ベクトルの正規直交系 $\boldsymbol{v}_1, \ldots, \boldsymbol{v}_r$ を拡張して，$\mathcal{R}^n$ の正規直交基底 $\{\boldsymbol{v}_1, \ldots, \boldsymbol{v}_r, \boldsymbol{v}_{r+1}, \ldots, \boldsymbol{v}_n\}$ が定義できる．式 (3.2) より，これらはそれぞれ $\boldsymbol{A}\boldsymbol{A}^\top$ と $\boldsymbol{A}^\top \boldsymbol{A}$ の固有ベクトルであり，$\boldsymbol{u}_{r+1}, \ldots, \boldsymbol{u}_m$ および $\boldsymbol{v}_{r+1}, \ldots, \boldsymbol{v}_n$ に対する固有値はすべて 0 である.

$$
\begin{aligned}
\boldsymbol{A}\boldsymbol{A}^\top \boldsymbol{u}_i &= \boldsymbol{0}, \qquad i = r+1, \ldots, m, \\
\boldsymbol{A}^\top \boldsymbol{A}\boldsymbol{v}_i &= \boldsymbol{0}, \qquad i = r+1, \ldots, n,
\end{aligned} \tag{3.3}
$$

第2式より，$\boldsymbol{A}\boldsymbol{v}_i = \boldsymbol{0}$, $i = r+1, \ldots, n$ である (↪ Problem 3.3(1))．式 (3.1) の第1式と合わせて，$\boldsymbol{A}$ は $\mathcal{R}^n$ の正規直交基底 $\{\boldsymbol{v}_1, \ldots, \boldsymbol{v}_n\}$ をそれぞれ $\sigma_1\boldsymbol{u}_1, \ldots, \sigma_r\boldsymbol{u}_r, \boldsymbol{0}, \ldots, \boldsymbol{0}$ に写像するから，式 (1.1) より，$\boldsymbol{A}$ は次のように表せる．

$$
\boldsymbol{A} = \sigma_1\boldsymbol{u}_1\boldsymbol{v}_1^\top + \cdots + \sigma_r\boldsymbol{u}_r\boldsymbol{v}_r^\top, \qquad \sigma_1 \geq \cdots \geq \sigma_r > 0 \tag{3.4}
$$

同様に，式 (3.3) の第1式より，$\boldsymbol{A}^\top\boldsymbol{u}_i = \boldsymbol{0}$, $i = r+1, \ldots, m$ である (↪ Problem 3.3(2))．式 (3.1) の第2式と合わせて，$\boldsymbol{A}^\top$ は $\mathcal{R}^m$ の正規直交基底 $\{\boldsymbol{u}_1, \ldots, \boldsymbol{u}_n\}$ をそれぞれ $\sigma_1\boldsymbol{v}_1, \ldots, \sigma_r\boldsymbol{v}_r, \boldsymbol{0}, \ldots, \boldsymbol{0}$ に写像するから，$\boldsymbol{A}^\top$ は次のように表せる．

$$
\boldsymbol{A}^\top = \sigma_1\boldsymbol{v}_1\boldsymbol{u}_1^\top + \cdots + \sigma_r\boldsymbol{v}_r\boldsymbol{u}_r^\top, \qquad \sigma_1 \geq \cdots \geq \sigma_r > 0 \tag{3.5}
$$

これは式 (3.4) の両辺を転置したものになっている．このように，**任意の行列はその特異値と特異ベクトルによって表すことができる．これを特異値分解** (singular decomposition) と呼ぶ．

3.3　列空間と行空間　Column Domain and Row Domain

$\boldsymbol{A}$ の n 本の列の張る $\mathcal{R}^m$ の部分空間を $\mathcal{U}$，m 本の行の張る $\mathcal{R}^n$ の部分空間を $\mathcal{V}$ と書き，それぞれ $\boldsymbol{A}$ の**列空間** (column domain)，**行空間** (row domain) と呼ぶ．

$\boldsymbol{A}$ の列 $\boldsymbol{a}_1, \ldots, \boldsymbol{a}_n$ の任意の線形結合

$$
c_1\boldsymbol{a}_1 + \cdots + c_n\boldsymbol{a}_n = \begin{pmatrix} \boldsymbol{a}_1 & \cdots & \boldsymbol{a}_n \end{pmatrix} \begin{pmatrix} c_1 \\ \vdots \\ c_n \end{pmatrix} = \boldsymbol{A}\boldsymbol{c} \tag{3.6}
$$

を考える．ただし，$\boldsymbol{c} = \begin{pmatrix} c_i \end{pmatrix}$ と置いた．式 (3.4) より，上式は次のように書ける．

$$
\begin{aligned}
\boldsymbol{A}\boldsymbol{c} &= \sigma_1 \boldsymbol{u}_1 \boldsymbol{v}_1^\top \boldsymbol{c} + \cdots + \sigma_r \boldsymbol{u}_r \boldsymbol{v}_r^\top \boldsymbol{c} \\
&= \sigma_1 \langle \boldsymbol{v}_1, \boldsymbol{c} \rangle \boldsymbol{u}_1 + \cdots + \sigma_r \langle \boldsymbol{v}_r, \boldsymbol{c} \rangle \boldsymbol{u}_r
\end{aligned}
\tag{3.7}
$$

すなわち，$\boldsymbol{A}$ の列の任意の線形結合は，互いに直交する（したがって，線形独立な）$\boldsymbol{u}_1, \ldots, \boldsymbol{u}_r$ の線形結合で書ける ($\hookrightarrow$ Problem 2.1)．ゆえに，$\boldsymbol{a}_1, \ldots, \boldsymbol{a}_n$ の張る列空間 $\mathcal{U}$ は，$\boldsymbol{u}_1, \ldots, \boldsymbol{u}_r$ を正規直交基底とする r 次元部分空間である．**すなわち，r 本の列のみが線形独立である．**

$\boldsymbol{A}$ の行は $\boldsymbol{A}^\top$ の列であり，式 (3.5) より，行の任意の線形結合は $\boldsymbol{v}_1, \ldots, \boldsymbol{v}_r$ の線形結合で書ける．ゆえに，行の張る行空間 $\mathcal{V}$ は，$\boldsymbol{v}_1, \ldots, \boldsymbol{v}_r$ を正規直交基底とする r 次元部分空間である．**すなわち，r 本の行のみが線形独立である．**

このことから，次のことがわかる．**行列 $\boldsymbol{A}$ のランク r は $\boldsymbol{A}$ の特異値の個数に等しい．そして，左特異ベクトル $\{\boldsymbol{u}_i\}$, $i = 1, \ldots, r$ と右特異ベクトル $\{\boldsymbol{v}_i\}$, $i = 1, \ldots, r$ が，それぞれ列空間 $\mathcal{U}$ および行空間 $\mathcal{V}$ の正規直交基底を作る．**

式 (1.8) より，$\mathcal{R}^m$ の列空間 $\mathcal{U}$ への射影行列，および $\mathcal{R}^n$ の行空間 $\mathcal{V}$ への射影行列は次のように与えられる．

$$
\boldsymbol{P}_{\mathcal{U}} = \sum_{i=1}^{r} \boldsymbol{u}_i \boldsymbol{u}_i^\top, \qquad \boldsymbol{P}_{\mathcal{V}} = \sum_{i=1}^{r} \boldsymbol{v}_i \boldsymbol{v}_i^\top
\tag{3.8}
$$

各 $\boldsymbol{u}_i$, $i = 1, \ldots, r$ は $\boldsymbol{u}_i \in \mathcal{U}$ であるから，$\boldsymbol{P}_{\mathcal{U}} \boldsymbol{u}_i = \boldsymbol{u}_i$ である．したがって，$\boldsymbol{P}_{\mathcal{U}}$ を式 (3.4) に左から作用させても変化しない．行についても同様に $\boldsymbol{P}_{\mathcal{V}} \boldsymbol{v}_i = \boldsymbol{v}_i$ であるから，$\boldsymbol{P}_{\mathcal{V}}$ を式 (3.4) に右から作用させても変化しない．すなわち，次式が成り立つ．

$$
\boldsymbol{P}_{\mathcal{U}} \boldsymbol{A} = \boldsymbol{A}, \qquad \boldsymbol{A} \boldsymbol{P}_{\mathcal{V}} = \boldsymbol{A}
\tag{3.9}
$$

3.4 行列による表現 Matrix Representation

式 (3.4) は，式 (2.7) と同様にして，次のように書き直せる．

$$\boldsymbol{A} = \begin{pmatrix} \sigma_1 \boldsymbol{u}_1 & \cdots & \sigma_r \boldsymbol{u}_r \end{pmatrix} \begin{pmatrix} \boldsymbol{v}_1^\top \\ \vdots \\ \boldsymbol{v}_r^\top \end{pmatrix} = \begin{pmatrix} \boldsymbol{u}_1 & \cdots & \boldsymbol{u}_r \end{pmatrix} \begin{pmatrix} \sigma_1 & & \\ & \ddots & \\ & & \sigma_r \end{pmatrix} \begin{pmatrix} \boldsymbol{v}_1^\top \\ \vdots \\ \boldsymbol{v}_r^\top \end{pmatrix}$$

$$= \boldsymbol{U} \begin{pmatrix} \sigma_1 & & \\ & \ddots & \\ & & \sigma_r \end{pmatrix} \boldsymbol{V}^\top, \qquad \sigma_1 \geq \cdots \geq \sigma_r > 0 \tag{3.10}$$

ただし，

$$\boldsymbol{U} = \begin{pmatrix} \boldsymbol{u}_1 & \cdots & \boldsymbol{u}_r \end{pmatrix}, \qquad \boldsymbol{V} = \begin{pmatrix} \boldsymbol{v}_1 & \cdots & \boldsymbol{v}_r \end{pmatrix} \tag{3.11}$$

は，それぞれ特異ベクトル $\boldsymbol{u}_1, \ldots, \boldsymbol{u}_r$，および $\boldsymbol{v}_1, \ldots, \boldsymbol{v}_r$ を列とする $m \times r$, $n \times r$ 行列である．式 (3.5) を同様にして書き直すと，式 (3.10) を転置したものが得られる．

行列 $\boldsymbol{U}$ も行列 $\boldsymbol{V}$ もその r 本の列は正規直交系であるから，次式が成り立つ (↪ Problem 3.4).

$$\boldsymbol{U}^\top \boldsymbol{U} = \boldsymbol{I}, \qquad \boldsymbol{V}^\top \boldsymbol{V} = \boldsymbol{I} \tag{3.12}$$

ただし，右辺は $r \times r$ 単位行列である．また，次式が成り立つ (↪ Problem 3.5).

$$\boldsymbol{U}\boldsymbol{U}^\top = \boldsymbol{P}_{\mathcal{U}}, \qquad \boldsymbol{V}\boldsymbol{V}^\top = \boldsymbol{P}_{\mathcal{V}} \tag{3.13}$$

用語とまとめ　Glossary and Summary

特異値　singular value：任意の行列 $\boldsymbol{A}$ $(\neq \boldsymbol{O})$ に対して，$\boldsymbol{A}\boldsymbol{v} = \sigma \boldsymbol{u}$, $\boldsymbol{A}^\top \boldsymbol{u} = \sigma \boldsymbol{v}$ となる正数 σ．そのような $\boldsymbol{u}, \boldsymbol{v}$ をそれぞれ，σ に対する「左特異ベクトル」，「右特異ベクトル」（合わせて「特異ベクトル」）と呼ぶ．

A positive number σ such that $\boldsymbol{A}\boldsymbol{v} = \sigma \boldsymbol{u}$ and $\boldsymbol{A}^\top \boldsymbol{u} = \sigma \boldsymbol{v}$ hold for a nonzero matrix $\boldsymbol{A}$ $(\neq \boldsymbol{O})$; the vectors $\boldsymbol{u}$ and $\boldsymbol{v}$ are called, respectively, the “left singular vector” and the “right singular vector” (generically the “singular vectors”) for σ.

特異値分解　singular value decomposition：任意の行列 $\boldsymbol{A}$ $(\neq \boldsymbol{O})$ を，その特異値 σ_i と特異ベクトル $\boldsymbol{u}_i, \boldsymbol{v}_i$, $i = 1, \ldots, r$ によって $\boldsymbol{A} = \sum_{i=1}^{r} \sigma_i \boldsymbol{u}_i \boldsymbol{v}_i^\top$ と表すこと（r は $\boldsymbol{A}$ のランク）．

The expression of an arbitrary matrix $\boldsymbol{A}$ $(\neq \boldsymbol{O})$ in terms of its singular values σ_i and singular vectors $\boldsymbol{u}_i, \boldsymbol{v}_i$, $i = 1, \ldots, r$, in the form $\boldsymbol{A} = \sum_{i=1}^{r} \sigma_i \boldsymbol{u}_i \boldsymbol{v}_i^\top$, where r is the rank of $\boldsymbol{A}$.

列空間　column domain：$m \times n$ 行列 $\boldsymbol{A}$ の列の張る $\mathcal{R}^m$ の r 次元部分空間 $\mathcal{U}$（r は $\boldsymbol{A}$ のランク）．行の張る $\mathcal{R}^n$ の r 次元部分空間 $\mathcal{V}$ は $\boldsymbol{A}$ の「行空間」．

The r-dimensional subspace of $\mathcal{R}^n$ spanned by the columns of an $m \times n$ matrix $\boldsymbol{A}$, where r is the rank of $\boldsymbol{A}$. The r-dimensional subspace $\mathcal{V}$ spanned by its rows is its “row domain.”

- 任意の行列 $\boldsymbol{A}$ $(\neq \boldsymbol{O})$ は r 個の特異値 σ_i (> 0) と特異ベクトル $\boldsymbol{u}_i, \boldsymbol{v}_i$, $i = 1, \ldots, r$ を持つ（r は $\boldsymbol{A}$ のランク）．

  An arbitrary matrix $\boldsymbol{A}$ $(\neq \boldsymbol{O})$ has r singular values σ_i (> 0) and the corresponding singular vectors $\boldsymbol{u}_i$ and $\boldsymbol{v}_i$, $i = 1, \ldots, r$, where r is the rank of $\boldsymbol{A}$.

- 特異値と特異ベクトルを計算するソフトウェアが提供されている．

  Software tools are available for computing singular values and singular vectors.

- 特異ベクトル $\{\boldsymbol{u}_i\}, \{\boldsymbol{v}_i\}$, $i = 1, \ldots, r$ は共に正規直交系をなす．

  Singular vectors $\{\boldsymbol{u}_i\}$ and $\{\boldsymbol{v}_i\}$, $i = 1, \ldots, r$, both form orthonormal systems.

- $\boldsymbol{A}$ の特異値 σ_i, $i = 1, \ldots, r$ は $\boldsymbol{A}\boldsymbol{A}^\top$, $\boldsymbol{A}^\top\boldsymbol{A}$ の固有値の平方根に等しく，対応する固有ベクトル $\boldsymbol{u}_i, \boldsymbol{v}_i$, $i = 1, \ldots, r$ は $\boldsymbol{A}$ の特異ベクトルに等しい．

The singular values σ_i, $i = 1, \ldots, r$, of $\boldsymbol{A}$ equal the square roots of the eigenvalues of $\boldsymbol{A}\boldsymbol{A}^\top$ and $\boldsymbol{A}^\top\boldsymbol{A}$; the corresponding eigenvectors $\boldsymbol{u}_i$ and $\boldsymbol{v}_i$, $i = 1, \ldots, r$, equal the singular vectors of $\boldsymbol{A}$.

- 任意の行列 $\boldsymbol{A}$ $(\neq \boldsymbol{O})$ は，その特異値 σ_i と特異ベクトル $\boldsymbol{u}_i, \boldsymbol{v}_i$, $i = 1, \ldots, r$ によって $\boldsymbol{A} = \sum_{i=1}^{r} \sigma_i \boldsymbol{u}_i \boldsymbol{v}_i^\top$ と表せる（「特異値分解」）.

  An arbitrary matrix $\boldsymbol{A}$ $(\neq \boldsymbol{O})$ is expressed in terms of its singular values σ_i and singular vectors $\boldsymbol{u}_i$ and $\boldsymbol{v}_i$, $i = 1, \ldots, r$, in the form $\boldsymbol{A} = \sum_{i=1}^{r} \sigma_i \boldsymbol{u}_i \boldsymbol{v}_i^\top$ ("singular value decomposition").

- 行列 $\boldsymbol{A}$ の特異値分解は，左および右特異ベクトルをそれぞれ列として並べた行列 $\boldsymbol{U}, \boldsymbol{V}$ と特異値を対角要素とする対角行列 $\boldsymbol{\Sigma}$ によって，$\boldsymbol{A} = \boldsymbol{U}\boldsymbol{\Sigma}\boldsymbol{V}^\top$ と書ける.

  The singular value decomposition of $\boldsymbol{A}$ is written as $\boldsymbol{A} = \boldsymbol{U}\boldsymbol{\Sigma}\boldsymbol{V}^\top$, where $\boldsymbol{U}$ and $\boldsymbol{V}$ are the matrices consisting of the left and right singular vectors of $\boldsymbol{A}$ as their columns, respectively, and $\boldsymbol{\Sigma}$ is a diagonal matrix with the singular values as its diagonal elements.

- 行列 $\boldsymbol{A}$ のランク r（＝線形独立な列および行の数）は $\boldsymbol{A}$ の特異値の個数に等しく，特異ベクトル $\{\boldsymbol{u}_i\}, \{\boldsymbol{v}_i\}$, $i = 1, \ldots, r$ が，それぞれ $\boldsymbol{A}$ の列空間 $\mathcal{U}$，行空間 $\mathcal{V}$ の正規直交基底をつくる.

  The rank r (= the number of linearly independent columns and rows) of $\boldsymbol{A}$ equals the number of its singular values, and their singular vectors $\{\boldsymbol{u}_i\}$ and $\{\boldsymbol{v}_i\}$, $i = 1, \ldots, r$, define orthonormal bases of the column domain $\mathcal{U}$ and the row domain $\mathcal{V}$ of $\boldsymbol{A}$, respectively.

- 行列 $\boldsymbol{A}$ の特異ベクトル $\{\boldsymbol{u}_i\}, \{\boldsymbol{v}_i\}$, $i = 1, \ldots, r$ に対して，$\boldsymbol{P}_{\mathcal{U}} = \sum_{i=1}^{r} \boldsymbol{u}_i \boldsymbol{u}_i^\top$, $\boldsymbol{P}_{\mathcal{V}} = \sum_{i=1}^{r} \boldsymbol{v}_i \boldsymbol{v}_i^\top$ は，それぞれ $\boldsymbol{A}$ の列空間 $\mathcal{U}$，行空間 $\mathcal{V}$ への射影行列である.

  For the singular vectors $\{\boldsymbol{u}_i\}$ and $\{\boldsymbol{v}_i\}$, $i = 1, \ldots, r$, of $\boldsymbol{A}$, the matrices $\boldsymbol{P}_{\mathcal{U}} = \sum_{i=1}^{r} \boldsymbol{u}_i \boldsymbol{u}_i^\top$ and $\boldsymbol{P}_{\mathcal{V}} = \sum_{i=1}^{r} \boldsymbol{v}_i \boldsymbol{v}_i^\top$ are the projection matrices onto the column domain $\mathcal{U}$ and the row domain $\mathcal{V}$ of $\boldsymbol{A}$, respectively.

第3章の問題　Problems of Chapter 3

3.1. 任意の行列 $\boldsymbol{A}$ に対して，$\boldsymbol{A}\boldsymbol{A}^\top$，および $\boldsymbol{A}^\top\boldsymbol{A}$ は共に半正値対称行列（すべての固有値が正または零の行列）であることを示せ．

3.2.* $\boldsymbol{A} \neq \boldsymbol{O}$ のとき，$\boldsymbol{A}\boldsymbol{A}^\top$ と $\boldsymbol{A}^\top\boldsymbol{A}$ の一方が正の固有値 σ^2 を持てば，それは他方の固有値でもあり，それぞれの固有ベクトル $\boldsymbol{u}, \boldsymbol{v}$ は式 (3.1) の関係で結ばれることを示せ．

3.3. 次のことを示せ．

(1) $\boldsymbol{A}\boldsymbol{A}^\top\boldsymbol{u} = \boldsymbol{0}$ であれば，$\boldsymbol{A}^\top\boldsymbol{u} = \boldsymbol{0}$ である．

(2) $\boldsymbol{A}^\top\boldsymbol{A}\boldsymbol{v} = \boldsymbol{0}$ であれば，$\boldsymbol{A}\boldsymbol{v} = \boldsymbol{0}$ である．

3.4. 式 (3.12) が成り立つことを示せ．

3.5. 式 (3.13) が成り立つことを示せ．

第4章

一般逆行列　Pseudoinverse

正方行列は，それが正則であれば逆行列を持つ．これを $\boldsymbol{O}$ でない任意の長方行列に拡張するのが「一般逆行列」である．逆行列は，もとの行列との積が単位行列となるものと定義されるが，一般逆行列ともとの行列との積は，単位行列ではなく，列および行の張る空間への射影行列になる．正則行列はすべての列や行が線形独立なので，それらは全空間を張り，単位行列は全空間への射影行列である．この意味で，一般逆行列は逆行列の自然な拡張になっている．また，$\mathbf{0}$ でないベクトル（$n \times 1$ 行列，$1 \times n$ 行列）も一般逆行列を持つ．最後に，誤差のある測定値を要素とする行列の一般逆行列の計算には注意が必要であることを指摘し，「行列ノルム」による誤差評価について述べる．

A square matrix has its inverse if it is nonsingular. The "pseudoinverse" extends this to an arbitrary rectangular matrix that is not $\boldsymbol{O}$. The inverse is defined in such a way that its product with the original matrix equals the identity. The product of the pseudoinverse with the original matrix, however, is not the identity but the projection matrix onto the space spanned by its columns and rows. Since all the columns and rows of a nonsingular matrix are linearly independent, they span the entire space, and the identity is the projection matrix onto it. In this sense, the pseudoinverse is a natural extension to the usual inverse. Next, we show that the vectors, i.e., $n \times 1$ or $1 \times n$ matrices, that are not $\mathbf{0}$ also have their pseudoinverses. Finally, we point out that we need a special care for computing the pseudoinverse of a matrix whose elements are obtained by measurement in the presence of noise. We also point out that the error in such matrices is evaluated in the "matrix norm."

4.1 一般逆行列 Pseudoinverse

$m \times n$ 行列 $\boldsymbol{A}$ ($\neq \boldsymbol{O}$) が式 (3.4) のように特異値分解されているとき，その（**ムーア・ペンローズ型** (Moore–Penrose type)）**一般逆行列** (pseudoinverse, generalized inverse)（**疑似逆行列**ともいう）を次の $n \times m$ 行列と定義する[1].

$$\boldsymbol{A}^{-} = \frac{\boldsymbol{v}_1 \boldsymbol{u}_1^\top}{\sigma_1} + \cdots + \frac{\boldsymbol{v}_r \boldsymbol{u}_r^\top}{\sigma_r} \tag{4.1}$$

$\boldsymbol{A}$ が正則行列であれば，これは $\boldsymbol{A}$ の逆行列 $\boldsymbol{A}^{-1}$ に一致する ($\hookrightarrow$ Problem 4.1). この意味で，一般逆行列は逆行列の一般化とみなせる.

式 (3.11) のように行列 $\boldsymbol{U}, \boldsymbol{V}$ を定義すると，式 (4.1) は，式 (3.10) と同様にして，次のように行列の形でも表せる.

$$\boldsymbol{A}^{-} = \boldsymbol{V} \begin{pmatrix} 1/\sigma_1 & & \\ & \ddots & \\ & & 1/\sigma_r \end{pmatrix} \boldsymbol{U}^\top \tag{4.2}$$

4.2 列空間と行空間への射影 Projection onto the Column and Row Domains

正則行列の逆行列は，積が単位行列になるものと定義されるが，一般逆行列ともとの行列との積は単位行列とは限らない. 実際，式 (3.4) と式 (4.1) から，$\{\boldsymbol{u}_i\}, \{\boldsymbol{v}_i\}$, $i = 1, \ldots, r$ が正規直交系であることに注意すると，次の関係を得る（$\hookrightarrow$ 式 (3.8)).

---

[1] ムーア・ペンローズ型でない一般逆行列も定義されるが，本書ではムーア・ペンローズ型のみを扱う. “一般の” 一般逆行列を $\boldsymbol{A}^{-}$ と書き，ムーア・ペンローズ型を $\boldsymbol{A}^{+}$ と書いて区別する本もある（$\hookrightarrow$ 脚注 2).

$$\begin{aligned}
\boldsymbol{A}\boldsymbol{A}^- &= \Big(\sum_{i=1}^r \sigma_i \boldsymbol{u}_i \boldsymbol{v}_i^\top\Big)\Big(\sum_{j=1}^r \frac{\boldsymbol{v}_j \boldsymbol{u}_j^\top}{\sigma_j}\Big) = \sum_{i,j=1}^r \frac{\sigma_i}{\sigma_j}\boldsymbol{u}_i(\boldsymbol{v}_i^\top \boldsymbol{v}_j)\boldsymbol{u}_j^\top \\
&= \sum_{i,j=1}^r \frac{\sigma_i}{\sigma_j}\langle \boldsymbol{v}_i, \boldsymbol{u}_j\rangle \boldsymbol{u}_i \boldsymbol{u}_j^\top = \sum_{i,j=1}^r \frac{\sigma_i}{\sigma_j}\delta_{ij}\boldsymbol{u}_i \boldsymbol{u}_j^\top \\
&= \sum_{i=1}^r \boldsymbol{u}_i \boldsymbol{u}_i^\top = \boldsymbol{P}_{\mathcal{U}} \qquad (4.3)
\end{aligned}$$

$$\begin{aligned}
\boldsymbol{A}^-\boldsymbol{A} &= \Big(\sum_{i=1}^r \frac{\boldsymbol{v}_i \boldsymbol{u}_i^\top}{\sigma_i}\Big)\Big(\sum_{j=1}^r \sigma_j \boldsymbol{u}_j \boldsymbol{v}_j^\top\Big) = \sum_{i,j=1}^r \frac{\sigma_j}{\sigma_i}\boldsymbol{v}_i(\boldsymbol{u}_i^\top \boldsymbol{u}_j)\boldsymbol{v}_j^\top \\
&= \sum_{i,j=1}^r \frac{\sigma_j}{\sigma_i}\langle \boldsymbol{u}_i, \boldsymbol{u}_j\rangle \boldsymbol{v}_i \boldsymbol{v}_j^\top = \sum_{i,j=1}^r \frac{\sigma_j}{\sigma_i}\delta_{ij}\boldsymbol{v}_i \boldsymbol{v}_j^\top \\
&= \sum_{i=1}^r \boldsymbol{v}_i \boldsymbol{v}_i^\top = \boldsymbol{P}_{\mathcal{V}} \qquad (4.4)
\end{aligned}$$

クロネッカのデルタ δ_{ij} が i または j（または両方）に関する総和 $\sum$ の中に現れるとき，$i = j$ の項のみが残ることに注意．上の結果から，**積 $\boldsymbol{A}\boldsymbol{A}^-$，$\boldsymbol{A}^-\boldsymbol{A}$ はそれぞれ，列空間 $\mathcal{U}$ および行空間 $\mathcal{V}$ への射影行列であることがわかる** (↪ Problem 4.2).

$$\boldsymbol{A}\boldsymbol{A}^- = \boldsymbol{P}_{\mathcal{U}}, \qquad \boldsymbol{A}^-\boldsymbol{A} = \boldsymbol{P}_{\mathcal{V}} \qquad (4.5)$$

正則行列はすべての列，およびすべての行が線形独立であるから，列も行も全空間を張る．全空間への射影行列は単位行列である（↪ 式 (1.11)）．したがって，一般逆行列は逆行列の自然な拡張となっている．

任意の $\boldsymbol{x} \in \mathcal{U}$ に対しては $\boldsymbol{P}_{\mathcal{U}}\boldsymbol{x} = \boldsymbol{x}$ であるから，列空間 $\mathcal{U}$ においては $\boldsymbol{P}_{\mathcal{U}}$ が恒等変換の働きをする．したがって，式 (4.5) の第1式は，**列空間 $\mathcal{U}$ において $\boldsymbol{A}^-$ は $\boldsymbol{A}$ の逆変換であること**を意味している．同様に，任意の $\boldsymbol{x} \in \mathcal{V}$ に対しては $\boldsymbol{P}_{\mathcal{V}}\boldsymbol{x} = \boldsymbol{x}$ であるから，行空間 $\mathcal{V}$ においては $\boldsymbol{P}_{\mathcal{V}}$ が恒等変換の働きをし，第2式は**行空間 $\mathcal{V}$ において $\boldsymbol{A}^-$ が $\boldsymbol{A}$ の逆変換であること**を意味している．

射影行列 $\boldsymbol{P}_{\mathcal{U}}, \boldsymbol{P}_{\mathcal{V}}$ は，定義より $\boldsymbol{P}_{\mathcal{U}}\boldsymbol{u}_i = \boldsymbol{u}_i$，$\boldsymbol{P}_{\mathcal{V}}\boldsymbol{v}_i = \boldsymbol{v}_i$ である．したがって，式 (3.9) と同様に，式 (4.1) の一般逆行列 $\boldsymbol{A}^-$ に対しても次の関係が

成り立つ．

$$\boldsymbol{P}_{\mathcal{V}}\boldsymbol{A}^{-} = \boldsymbol{A}^{-}, \qquad \boldsymbol{A}^{-}\boldsymbol{P}_{\mathcal{U}} = \boldsymbol{A}^{-} \tag{4.6}$$

以上より，次の一般逆行列に関する基本的な恒等式が得られる[2]．

$$\boldsymbol{A}^{-}\boldsymbol{A}\boldsymbol{A}^{-} = \boldsymbol{A}^{-} \tag{4.7}$$

$$\boldsymbol{A}\boldsymbol{A}^{-}\boldsymbol{A} = \boldsymbol{A} \tag{4.8}$$

式 (4.7) は式 (4.4) と式 (4.6) の第 1 式を組み合わせれば得られる（あるいは，式 (4.3) と式 (4.6) の第 2 式を組み合わせてもよい）．一方，式 (4.8) は式 (4.3) と式 (3.9) の第 1 式を組み合わせれば得られる（あるいは，式 (4.4) と式 (3.9) の第 2 式を組み合わせてもよい）．これらは式 (4.2) の行列による表現からも導かれる (↪ Problem 4.3)．

4.3　ベクトルの一般逆行列　Pseudoinverse of Vectors

n 次元ベクトル $\boldsymbol{a}$ は $n \times 1$ 行列であるから，$\boldsymbol{a} \neq \boldsymbol{0}$ のとき一般逆行列が存在する．特異値分解は次のように書ける．

$$\boldsymbol{a} = \|\boldsymbol{a}\|\Big(\frac{\boldsymbol{a}}{\|\boldsymbol{a}\|}\Big) \cdot 1 \tag{4.9}$$

すなわち，列空間は単位ベクトル $\boldsymbol{u} = \boldsymbol{a}/\|\boldsymbol{a}|$ の張る 1 次元空間である．行空間は $\mathcal{R}^1$（＝実数の集合）であり，その基底は 1 である．そして，特異値は $\|\boldsymbol{a}\|$ である．ゆえに，一般逆行列 $\boldsymbol{a}^{-}$ が次のように書ける．

$$\boldsymbol{a}^{-} = \frac{1}{\|\boldsymbol{a}\|}1 \cdot \Big(\frac{\boldsymbol{a}}{\|\boldsymbol{a}\|}\Big)^{\top} = \frac{\boldsymbol{a}^{\top}}{\|\boldsymbol{a}\|^2} \tag{4.10}$$

すなわち，**転置した行ベクトル $\boldsymbol{a}^{\top}$ を長さの 2 乗 $\|\boldsymbol{a}\|^2$ で割ったものである．**

---

[2] 式 (4.8) を満たす行列 $\boldsymbol{A}^{-}$ が最も "一般の" $\boldsymbol{A}$ の「一般逆行列」の定義であり，これにいくつかの条件を加えていろいろな（必ずしもムーア・ペンローズ型でない）一般逆行列が定義される．式 (4.7) が成り立つものは「反射型」(reflexive) と呼ばれる．さらに $\boldsymbol{A}\boldsymbol{A}^{-}$，$\boldsymbol{A}^{-}\boldsymbol{A}$ が対称行列であるものがムーア・ペンローズ型である．

式 (3.4), (3.5), (4.1) から，$(\boldsymbol{A}^\top)^- = (\boldsymbol{A}^-)^\top$ であることがわかる（これを $\boldsymbol{A}^{-\top}$ と書く）．したがって，1×3 行列とみなした行ベクトル $\boldsymbol{a}^\top$ の一般逆行列は次のようになる．

$$\boldsymbol{a}^{-\top} = \frac{\boldsymbol{a}}{\|\boldsymbol{a}\|^2} \tag{4.11}$$

ベクトル $\boldsymbol{a}$ に沿う単位方向ベクトルを $\boldsymbol{u} = \boldsymbol{a}/\|\boldsymbol{a}\|$ と書くと，一般逆行列 $\boldsymbol{a}^-$ と $\boldsymbol{a}$ との積は次のようになる．

$$\boldsymbol{a}\boldsymbol{a}^- = \boldsymbol{a}\frac{\boldsymbol{a}^\top}{\|\boldsymbol{a}\|^2} = \boldsymbol{u}\boldsymbol{u}^\top \tag{4.12}$$

これはベクトル $\boldsymbol{a}$ の方向への射影行列である．一方，

$$\boldsymbol{a}^-\boldsymbol{a} = \frac{\boldsymbol{a}^\top}{\|\boldsymbol{a}\|^2}\boldsymbol{a} = \frac{\langle \boldsymbol{a}, \boldsymbol{a} \rangle}{\|\boldsymbol{a}\|^2} = 1 \tag{4.13}$$

であり，これは $\mathcal{R}^1$ 上への射影行列（$= 1 \times 1$ 単位行列）になっている．

4.4　ランク拘束一般逆行列　Rank-constrained Pseudoinverse

第2章，第3章で，固有値や固有ベクトルや特異値分解のためにソフトウェアツールがいろいろ提供されていることを述べたが，一般逆行列についてはこれが当てはまらない．基本的には，一般逆行列を計算するソフトウェアツールは存在しない．提供されていたとしても，それを使うべきではない．それは，物理学や工学で扱う計算は，測定装置やセンサーから得られる観測データを用いるので，必ず計算誤差が含まれるからである．したがって，式 (3.4) のように特異値分解を計算すると，数値計算上はすべての特異値 σ_i は正となる．これが本来は0であるのに，数値計算の誤差のために非零になった場合，そのまま式 (4.1) を計算すると，$1/\sigma_i$ のために，非現実的な値が得られる．

もちろん，これは一般逆行列だけでなく，普通の逆行列の計算でも生じることである（例えば，本当は正則でない行列に対して式 (2.11) を数値的に計算しようとするときなど）．しかし，重要な相違がある．それは，**逆行列は**

正則行列に対してしか定義されないのに対して，一般逆行列は任意の非零の行列に対して定義されるという点である．そのかわり，式 (4.1) の一般逆行列を計算するには，**そのランクが既知でなければならない．**

測定データから得られた $m \times n$ 行列 $\boldsymbol{A}$ のランクを判定するには，まず仮のランクを $l = \min(m, n)$ として特異値分解

$$\boldsymbol{A} = \sigma_1 \boldsymbol{u}_1 \boldsymbol{v}_1^\top + \cdots + \sigma_l \boldsymbol{u}_l \boldsymbol{v}_l^\top, \quad \sigma_1 \geq \cdots \geq \sigma_l, \quad l = \min(m, n) \tag{4.14}$$

を計算する．次に，末尾の特異値の値を調べて，

$$\sigma_{r+1} \approx 0, \quad \ldots, \quad \sigma_l \approx 0 \tag{4.15}$$

となるような r の値をランクとし，それ以降を誤差とみなして，σ_r の項で打ち切る．そして，$\boldsymbol{A}$ を

$$(\boldsymbol{A})_r = \sigma_1 \boldsymbol{u}_1 \boldsymbol{v}_1^\top + \cdots + \sigma_r \boldsymbol{u}_r \boldsymbol{v}_r^\top \tag{4.16}$$

で置き換え，その一般逆行列 $(\boldsymbol{A})_r^-$ を計算する．これを**ランク拘束一般逆行列** (rank-constrained pseudoinverse (generalized inverse))（または**ランク拘束疑似逆行列**）と呼ぶ．しかし，どこで打ち切ったらよいのであろうか．

数学的な理論計算で，データが厳密な実数であり，生じる誤差がコンピュータの有限長の計算による丸め誤差のためのみであれば，しきい値として，コンピュータで扱いうる最小の限界値（これを**マシンイプシロン** (machine epsilon) と呼ぶ）を用いればよいが（そのように設定されたソフトウェアツールもある），観測データを用いる物理学や工学の計算では，データの誤差を評価するのは一般には困難で，問題ごとに見積もる必要がある．

しかし，物理学や工学の応用ではたいていの場合，背景となる基礎原理や基礎法則があり，その原理や法則から，仮に測定装置やセンサーが理想的であって誤差がまったく存在しない場合にはランク r はこうなるはずであるという理論解析が可能である．そのような場合は，打ち切る特異値の大きさに無関係に，理論的なランク r を用いて，式 (4.16) のランク拘束一般逆行列を計算すればよい．

このとき，ランクを拘束した（すなわち，末尾のいくつかの特異値を無視した）行列は，もとの行列とどの程度の違いがあるのであろうか．それを測る尺度が行列のノルムである．

4.5 行列ノルムによる評価　Evaluation by Matrix Norm

$m \times n$ 行列 $\boldsymbol{A} = \Big(A_{ij}\Big)$ の**行列ノルム** (matrix norm) を次のように定義する．

$$\|\boldsymbol{A}\| = \sqrt{\sum_{i=1}^{m}\sum_{j=1}^{n} A_{ij}^2} \tag{4.17}$$

これは**フロベニウスノルム** (Frobenius norm)，あるいは**ユークリッドノルム** (Euclid norm) とも呼ばれる．これに対して，次の関係が成り立つ（tr は行列のトレース）．

$$\|\boldsymbol{A}\|^2 = \mathrm{tr}(\boldsymbol{A}^\top \boldsymbol{A}) = \mathrm{tr}(\boldsymbol{A}\boldsymbol{A}^\top) \tag{4.18}$$

実際，定義より，どの項も $\sum_{i=1}^{m}\sum_{j=1}^{n} A_{ij}^2$ に等しい (↪ Problems 4.4 and 4.5).

式 (4.18) を用いると，式 (4.14) の $\boldsymbol{A}$ と式 (4.16) の $(\boldsymbol{A})_r$ と差の行列ノルムの 2 乗が次のように評価される．

$$\begin{aligned}
\|\boldsymbol{A} - (\boldsymbol{A})_r\|^2 &= \| \sum_{i=r+1}^{l} \sigma_i \boldsymbol{u}_i \boldsymbol{v}_i^\top \|^2 = \mathrm{tr}\Big(\Big(\sum_{i=r+1}^{l} \sigma_i \boldsymbol{u}_i \boldsymbol{v}_i^\top\Big)^\top \sum_{j=r+1}^{l} \sigma_j \boldsymbol{u}_j \boldsymbol{v}_j^\top\Big) \\
&= \mathrm{tr}\Big(\sum_{i,j=r+1}^{l} \sigma_i \sigma_j \boldsymbol{v}_i \boldsymbol{u}_i^\top \boldsymbol{u}_j \boldsymbol{v}_j^\top\Big) = \mathrm{tr}\Big(\sum_{i,j=r+1}^{l} \sigma_i \sigma_j \boldsymbol{v}_i \langle \boldsymbol{u}_i, \boldsymbol{u}_j \rangle \boldsymbol{v}_j^\top\Big) \\
&= \mathrm{tr}\Big(\sum_{i,j=r+1}^{l} \delta_{ij} \sigma_i \sigma_j \boldsymbol{v}_i \boldsymbol{v}_j^\top\Big) = \sum_{i=r+1}^{l} \sigma_i^2 \mathrm{tr}(\boldsymbol{v}_i \boldsymbol{v}_i^\top) = \sum_{i=r+1}^{l} \sigma_i^2
\end{aligned} \tag{4.19}$$

（式 (1.23) より $\mathrm{tr}(\boldsymbol{v}_i \boldsymbol{v}_i^\top) = \|\boldsymbol{v}_i\|^2 = 1$ に注意）．すなわち，行列 $\boldsymbol{A}$ とその特異値を打ち切った行列 $(\boldsymbol{A})_r$ との行列ノルムで測った違いは，**打ち切った特異値の 2 乗和の平方根に等しい**[3)]．

$$\|\boldsymbol{A} - (\boldsymbol{A})_r\| = \sqrt{\sigma_{r+1}^2 + \cdots + \sigma_l^2} \tag{4.20}$$

3) 与えられた行列 $\boldsymbol{A}$ に対して，同じサイズの $\mathrm{rank}(\boldsymbol{A}') = r$ となる行列 $\boldsymbol{A}'$ で $\|\boldsymbol{A} - \boldsymbol{A}'\|$ が最小になるのは，$\boldsymbol{A}' = (\boldsymbol{A})_r$ であることが知られている [3]．証明はやや複雑である．

これは，行列による表現からも導かれる ($\hookrightarrow$ Problem 4.6).

用語とまとめ　Glossary and Summary

一般逆行列　pseudoinverse (generalized inverse)：特異値分解 $\boldsymbol{A} = \sum_{i=1}^{r} \sigma_i \boldsymbol{u}_i \boldsymbol{v}_i^\top$ を持つ行列に対して，$\boldsymbol{A}^- = \sum_{i=1}^{r} (1/\sigma_i) \boldsymbol{v}_i \boldsymbol{u}_i^\top$ で定義される行列 $\boldsymbol{A}^-$.「疑似逆行列」ともいう．正式には，「ムーア・ペンローズ型一般（疑似）逆行列」.

For a matrix with singular value decomposition $\boldsymbol{A} = \sum_{i=1}^{r} \sigma_i \boldsymbol{u}_i \boldsymbol{v}_i^\top$, the matrix $\boldsymbol{A}^- = \sum_{i=1}^{r} (1/\sigma_i) \boldsymbol{v}_i \boldsymbol{u}_i^\top$ is its "pseudoinverse" or "generalized inverse" (of the "Moore–Penrose type" to be precise).

ランク拘束一般逆行列　rank-constrained pseudoinverse (generalized inverse)：$\boldsymbol{A}$ の特異値分解が $\boldsymbol{A} = \sum_{i=1}^{l} \sigma_i \boldsymbol{u}_i \boldsymbol{v}_i^\top$ のとき，小さい特異値 $\sigma_{r+1}, \dots, \sigma_l$ を 0 で置き換えた行列 $(\boldsymbol{A})_r = \sum_{i=1}^{r} \sigma_i \boldsymbol{u}_i \boldsymbol{v}_i^\top$ の一般逆行列 $(\boldsymbol{A})_r^-$.

For a matrix with singular value decomposition $\boldsymbol{A} = \sum_{i=1}^{r} \sigma_i \boldsymbol{u}_i \boldsymbol{v}_i^\top$, the pseudoinverse $(\boldsymbol{A})_r^-$ of the matrix $(\boldsymbol{A})_r = \sum_{i=1}^{r} \sigma_i \boldsymbol{u}_i \boldsymbol{v}_i^\top$ obtained by replacing the smaller singular values $\sigma_{r+1}, \dots, \sigma_l$ by 0 is the "rank-constrained pseudoinverse (or generalized inverse)" of $\boldsymbol{A}$ to rank r.

マシンイプシロン　machine epsilon：コンピュータで扱いうる最小の限界値.

The smallest number that can be digitally represented in a computer.

行列ノルム　matrix norm：$m \times n$ 行列 $\boldsymbol{A} = \left(A_{ij}\right)$ の大きさを測る $\|\boldsymbol{A}\| = \sqrt{\sum_{i=1}^{m} \sum_{j=1}^{n} A_{ij}^2}$.「フロベニウスノルム」,「ユークリッドノルム」とも呼ばれる.

The number $\|\boldsymbol{A}\| = \sqrt{\sum_{i=1}^{m} \sum_{j=1}^{n} A_{ij}^2}$ that measures the magnitude of an $m \times n$ matrix $\boldsymbol{A} = \left(A_{ij}\right)$, also called the "Frobenius norm" or the "Euclid norm."

- 行列 $\boldsymbol{A}$ の一般逆行列は，その特異値分解において，各特異値をその逆数で置き換え，全体を転置したものである（式 (4.1), (4.2)）.

  The pseudoinverse of a matrix $\boldsymbol{A}$ is obtained by replacing its singular values by their reciprocals in the singular value decomposition and by transposing the entire expression (Eqs. (4.1) and (4.2)).

- 任意の $\boldsymbol{A}$ ($\neq \boldsymbol{O}$) に対して，一般逆行列 $\boldsymbol{A}^-$ が存在する.

  An arbitrary matrix $\boldsymbol{A}$ ($\neq \boldsymbol{O}$) has its pseudoinverse $\boldsymbol{A}^-$.

- $\boldsymbol{A}\boldsymbol{A}^-$, $\boldsymbol{A}^-\boldsymbol{A}$ はそれぞれ $\boldsymbol{A}$ の列空間 $\mathcal{U}$, 行空間 $\mathcal{V}$ への射影行列となる（式 (4.5)）.

  The matrices $\boldsymbol{A}\boldsymbol{A}^-$ and $\boldsymbol{A}^-\boldsymbol{A}$ are the projection matrices onto the column domain $\mathcal{U}$ and the row domain $\mathcal{V}$ of $\boldsymbol{A}$, respectively (Eq. (4.5)).

- クロネッカのデルタ δ_{ij} が i または j（または両方）に関する総和 $\sum$ の中に現れるとき，$i = j$ の項のみが残る.

  If the Kronecker delta δ_{ij} appears in a sum $\sum$ over i or j (or both), only terms for $i = j$ survive.

- $\boldsymbol{A}^-$ は $\boldsymbol{A}$ の列空間 $\mathcal{U}$, 行空間 $\mathcal{V}$ における $\boldsymbol{A}$ の逆変換を意味する（式 (4.5)）.

  The pseudoinverse $\boldsymbol{A}^-$ represents the inverse operation of $\boldsymbol{A}$ within the column domain $\mathcal{U}$ and the row domain $\mathcal{V}$ (Eq. (4.5)).

- ベクトルの一般逆行列は，その転置を2乗ノルムで割ったものである（式 (4.10), (4.11)）.

  The pseudoinverse of a vector is its transpose divided by its squared norm (Eqs. (4.10) and (4.11)).

- 一般逆行列を計算するには，ランクを知る必要がある.

For computing pseudoinverse, we need to know the rank of the matrix.

- 要素が測定によって得られた行列は，誤差がない場合の理論的な考察からランクを推定して，ランク拘束一般逆行列を計算する．

  For a matrix whose elements are obtained by measurement, we infer its rank in the absence of noise by a theoretical consideration and compute the rank-constrained pseudoinverse.

- 小さい特異値を打ち切って 0 に置き換えると，もとの行列との行列ノルムで測った食い違いは，打ち切った特異値の 2 乗和の平方根に等しい（式 (4.20)）．

  If smaller singular values are truncated and replaced by 0, the resulting deviation of the matrix, measured in matrix norm, equals the square root of the square sum of the truncated singular values (Eq. (4.20)).

第 4 章の問題　Problems of Chapter 4

4.1. $\boldsymbol{A}$ が正則行列のとき（すなわち，$m = n$ であって，すべての固有値が非零，すなわち $r = n$ のとき），式 (4.1) は $\boldsymbol{A}$ の逆行列 $\boldsymbol{A}^{-1}$ であることを示せ．

4.2. 式 (3.10)，式 (4.2) を用いて，式 (4.5) が成り立つことを確認せよ．

4.3. 式 (3.10)，式 (4.2) を用いて，式 (4.7) および式 (4.8) が成り立つことを確認せよ．

4.4. 行列のトレースは次の関係を満たすことを示せ（各行列は積が定義されるサイズであるとする）．

$$\mathrm{tr}(\boldsymbol{AB}) = \mathrm{tr}(\boldsymbol{BA}) \tag{4.21}$$

4.5. 直交行列 $\boldsymbol{U}, \boldsymbol{V}$ に対して，次式が成り立つことを示せ（各行列は積が定義されるサイズであるとする）．

$$\|\boldsymbol{A}\| = \|\boldsymbol{AU}\| = \|\boldsymbol{VA}\| = \|\boldsymbol{VAU}\| \tag{4.22}$$

4.6. 行列 $\boldsymbol{A}$ が式 (3.10) のように特異値分解されるとき，そのノルムが次のように書けること，

$$\|\boldsymbol{A}\| = \sqrt{\sigma_1^2 + \cdots + \sigma_r^2} \tag{4.23}$$

したがって式 (4.20) が得られることを示せ．

第5章

連立1次方程式の最小2乗解
Least-squares Solution of Linear Equations

前章の一般逆行列は，連立1次方程式の最小2乗法と密接に関連している．実際，一般逆行列は線形方程式の2乗和の最小化に関連して研究されてきた．最小2乗法の解は，通常は2乗和を微分して零と置いた式（「正規方程式」と呼ばれる）を解いて得られるが，本章では微分や正規方程式を経ずに，射影行列と一般逆行列を用いて，一般的な解が得られることを示す．そして，例として，1変数多方程式の場合，および多変数1方程式の場合を示す．

The pseudoinverse introduced in the preceding chapter is closely related to the least-squares method for linear equations. In fact, the theory of pseudoinverse has been studied in relation to minimization of the sum of squares of linear equations. The least-squares method usually requires solving an equation, called the "normal equation," obtained by letting the derivative of the sum of squares be zero. In this chapter, we show how a general solution is obtained without using differentiation or normal equations. As illustrative examples, we show the case of multiple equations of one variable and the case of a single multivariate equation.

5.1 連立1次方程式と最小2乗法
Linear Equations and Least Squares

n 変数 $x_1, \ldots, x_n$ の m 個の式からなる，次の形の連立1次方程式を考える．

$$\begin{aligned} a_{11}x_1 + \cdots + a_{1n}x_n &= b_1 \\ \vdots \qquad\qquad & \quad \vdots \\ a_{m1}x_1 + \cdots + a_{mn}x_n &= b_m \end{aligned} \tag{5.1}$$

これはベクトルと行列を用いると，

$$\boldsymbol{A}\boldsymbol{x} = \boldsymbol{b} \tag{5.2}$$

と書ける．ただし，$m \times n$ 行列 $\boldsymbol{A}$，n 次元ベクトル $\boldsymbol{x}$，m 次元ベクトル $\boldsymbol{b}$ を次のように置いた．

$$\boldsymbol{A} = \begin{pmatrix} a_{11} & \cdots & a_{1n} \\ \vdots & \ddots & \vdots \\ a_{m1} & \cdots & a_{mn} \end{pmatrix}, \qquad \boldsymbol{x} = \begin{pmatrix} x_1 \\ \vdots \\ x_n \end{pmatrix}, \qquad \boldsymbol{b} = \begin{pmatrix} b_1 \\ \vdots \\ b_m \end{pmatrix} \tag{5.3}$$

以下，$\boldsymbol{A} \neq \boldsymbol{O}$ と仮定する．

よく知られているように，式 (5.2) が唯一の解を持つのは，$n = m$ であり，かつ $\boldsymbol{A}$ の行列式が 0 でない（すなわち，$\boldsymbol{A}$ が正則行列の）ときである．その場合に，手計算で解を求める方法としては，**ガウス消去法** (Gaussian elimination) が標準的であり，それと同等なプログラムパッケージとして **LU 分解** (LU-decomposition) がよく知られている．しかし，観測データを用いる物理学や工学では，$n \neq m$ の問題がよく生じる．

式 (5.1) の各式は，n 個のパラメータ $x_1, \ldots, x_n$ を定めるための測定過程であるとみなせる．n 個のパラメータを定めるには，原理的に n 回の測定でよいはずであるが，測定値に誤差が含まれていることを考慮して，それ以上に m $(> n)$ 回測定を行うことが多い．しかし，場合によっては制約があって，m $(< n)$ 回しか測定できないこともある．そのような $n \neq m$ の場合に，$x_1, \ldots, x_n$ を推定する方法は，式 (5.1) のすべての式が「全体的に」よく満たされるような値を計算することである．その代表的な手段は，各式の左辺と右辺の差の 2 乗和を最小にすることである．すなわち，

$$\begin{aligned} J = &(a_{11}x_1 + \cdots + a_{1n}x_n - b_1)^2 + \cdots \\ &+ (a_{m1}x_1 + \cdots + a_{mn}x_n - b_m)^2 \end{aligned} \tag{5.4}$$

を最小にするような $x_1, \ldots, x_n$ を計算する．これを**最小 2 乗法** (least-squares method) と呼ぶ．そして，式 (5.4) の J を**残差** (residual)，あるいは**残差平方和** (residual sum of squares) と呼ぶ．式 (5.1) を行列とベクトルを用いて式 (5.2) のように書くと，式 (5.4) の残差 J は次のように表せる．

$$J = \|\boldsymbol{A}\boldsymbol{x} - \boldsymbol{b}\|^2 \tag{5.5}$$

しかし，必要な回数だけ測定ができないと，これを最小にする $\boldsymbol{x}$ の値が一意的に定まるとは限らない．そのときは，そのような $\boldsymbol{x}$ の値の中で，$\|\boldsymbol{x}\|^2$ を最小にするものを採用する．これは，物理学や工学の多くの問題で，$\|\boldsymbol{x}\|^2$ が発熱量や必要なエネルギーなどの何らかの物理量を表し，多くの場合はそれが少ないことが望ましいからである．このような，(i) 残差 J を最小にし，かつ，(ii) $\|\boldsymbol{x}\|^2$ が最小になる $\boldsymbol{x}$ を以下，**最小 2 乗解** (least-squares solution) と呼ぶ．

最小 2 乗法はドイツの数学者**ガウス** (Karl Gauss: 1777–1855) が，望遠鏡による観測データから天体の運動を計算するために導入した．彼はそれ以外にも，連立 1 次方程式や積分を数値的に精度よく，かつ効率的に計算するさまざまの技法を導入し，今日の数値解析の基礎を作った．また，ガウスは最小 2 乗法を正当化するために，観測データに含まれる誤差の数式によるモデルを提唱した．そして，それが「最も普通 (normal) の」誤差であるとし，その分布を**正規分布** (normal distribution) と呼んだ（次章 6.2 節参照）．これは今日の統計学の基礎となっている．一方，物理学や工学ではその分布を**ガウス分布** (Gaussian distribution) と呼ぶことが多い．ガウスは代数学の基本定理（ガウスの定理）を導くなど，純粋数学での功績が大きいが，それとともに，今日の物理学の基礎となっている電磁気学や流体力学のさまざまな微分積分公式を導いた．

5.2 最小 2 乗解の計算 Computing the Least-squares Solution

式 (5.5) を最小にする解は，通常は J を $\boldsymbol{x}$ で微分して $\boldsymbol{0}$ と置いた式 $\nabla_{\boldsymbol{x}} J = \boldsymbol{0}$（**正規方程式** (normal equation) と呼ばれる）を解いて得られる．しかし，解は $m > n$ か $m < n$ か，そして $r = n$ か $r = m$ か，あるいはそうでないか

によって形が異なる (Problems 5.1–5.4). ここでは，微分や正規方程式を経ずに，射影行列と一般逆行列を用いて，すべての場合を包括する一般的な最小2乗解が得られることを示す．

式 (5.3) の行列 $\boldsymbol{A}$ の列の張る空間，すなわち列空間を $\mathcal{U}$ とする．これは $\mathcal{R}^m$ の部分空間である．式 (1.12) より，ベクトルの2乗ノルムは部分空間 $\mathcal{U}$ への射影とそれからの反射影（その直交補空間 $\mathcal{U}^\perp$ への射影）の2乗ノルムの和に分解できる．したがって，式 (5.5) の残差 J は次のように書ける．

$$
\begin{aligned}
J &= \|\boldsymbol{P}_{\mathcal{U}}(\boldsymbol{A}\boldsymbol{x}-\boldsymbol{b})\|^2 + \|\boldsymbol{P}_{\mathcal{U}^\perp}(\boldsymbol{A}\boldsymbol{x}-\boldsymbol{b})\|^2 \\
&= \|\boldsymbol{A}\boldsymbol{x}-\boldsymbol{P}_{\mathcal{U}}\boldsymbol{b}\|^2 + \|\boldsymbol{P}_{\mathcal{U}^\perp}\boldsymbol{b}\|^2
\end{aligned}
\tag{5.6}
$$

ここで $\boldsymbol{P}_{\mathcal{U}}\boldsymbol{A}\boldsymbol{x} = \boldsymbol{A}\boldsymbol{x}$, $\boldsymbol{P}_{\mathcal{U}^\perp}\boldsymbol{A}\boldsymbol{x} = \boldsymbol{0}$ となるのは，$\boldsymbol{A}\boldsymbol{x}$ が $\boldsymbol{A}$ の列の線形結合であり，列空間 $\mathcal{U}$ に含まれるためである．式 (5.6) の最後の項は $\boldsymbol{x}$ を含まないから，最小2乗解は次式を満たす．

$$
\boldsymbol{A}\boldsymbol{x} = \boldsymbol{P}_{\mathcal{U}}\boldsymbol{b}, \qquad J = \|\boldsymbol{P}_{\mathcal{U}^\perp}\boldsymbol{b}\|^2 \tag{5.7}
$$

これは次のように解釈できる．$\boldsymbol{A}\boldsymbol{x} \in \mathcal{U}$ であるから，もし $\boldsymbol{b} \in \mathcal{U}$ でなければ式 (5.2) に解が存在しないことは明らかである．そこで，**ベクトル $\boldsymbol{b}$ を $\mathcal{U}$ への射影 $\boldsymbol{P}_{\mathcal{U}}\boldsymbol{b}$ で置き換える**．このとき，ベクトル $\boldsymbol{b}$ の列空間 $\mathcal{U}$ からはみ出した部分が $\boldsymbol{P}_{\mathcal{U}^\perp}\boldsymbol{b}$ であるから，残差は $\|\boldsymbol{P}_{\mathcal{U}^\perp}\boldsymbol{b}\|^2$ となる (Fig. 5.1).

$\boldsymbol{A} \neq \boldsymbol{O}$ であるから，$\boldsymbol{A}$ は式 (3.4) の特異値分解を持つ．式 (5.7) の第1式の左辺は次のように書ける．

$$
\boldsymbol{A}\boldsymbol{x} = \sum_{i=1}^{r} \sigma_i \boldsymbol{u}_i \boldsymbol{v}_i^\top \boldsymbol{x} = \sum_{i=1}^{r} \sigma_i \langle \boldsymbol{v}_i, \boldsymbol{x} \rangle \boldsymbol{u}_i \tag{5.8}
$$

右辺は，式 (3.8) の $\boldsymbol{P}_{\mathcal{U}}$ の表現を用いると，次のようになる．

$$
\boldsymbol{P}_{\mathcal{U}}\boldsymbol{b} = \sum_{i=1}^{r} \boldsymbol{u}_i \boldsymbol{u}_i^\top \boldsymbol{b} = \sum_{i=1}^{r} \langle \boldsymbol{u}_i, \boldsymbol{b} \rangle \boldsymbol{u}_i \tag{5.9}
$$

式 (5.8), (5.9) は正規直交系 $\{\boldsymbol{u}_i\}$ による展開であるから（$\hookrightarrow$ Appendix A.7 節），$\sigma_i \langle \boldsymbol{v}_i, \boldsymbol{x} \rangle = \langle \boldsymbol{u}_i, \boldsymbol{b} \rangle$ であり，

$$
\langle \boldsymbol{v}_i, \boldsymbol{x} \rangle = \frac{\langle \boldsymbol{u}_i, \boldsymbol{b} \rangle}{\sigma_i} \tag{5.10}
$$

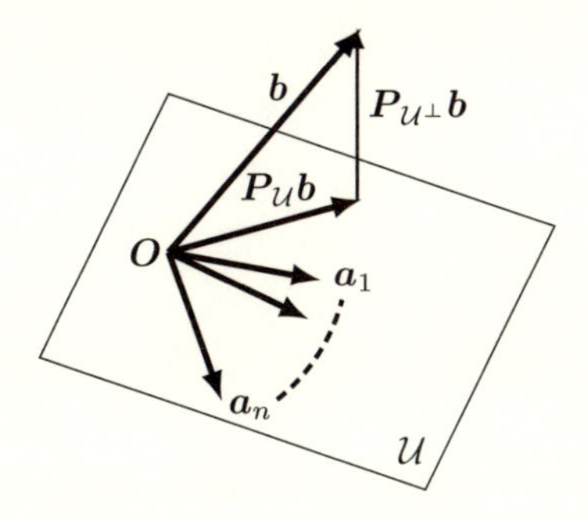

図5.1 ベクトル $\boldsymbol{b}$ を $\boldsymbol{A}$ の列 $\boldsymbol{a}_1, \ldots, \boldsymbol{a}_n$ の張る空間 $\mathcal{U}$ に射影する．

Fig. 5.1 The vector $\boldsymbol{b}$ is projected onto the subspace $\mathcal{U}$ spanned by the columns $\boldsymbol{a}_1, \ldots, \boldsymbol{a}_n$ of $\boldsymbol{A}$.

となる．n 次元ベクトル $\boldsymbol{v}_1, \ldots, \boldsymbol{v}_r$ を拡張して，$\mathcal{R}^n$ の正規直交基底 $\{\boldsymbol{v}_1, \ldots, \boldsymbol{v}_r, \boldsymbol{v}_{r+1}, \ldots, \boldsymbol{v}_n\}$ を作れば，$\boldsymbol{x}$ はそれに関して

$$\begin{aligned}\boldsymbol{x} &= \langle \boldsymbol{v}_1, \boldsymbol{x}\rangle \boldsymbol{v}_1 + \cdots + \langle \boldsymbol{v}_r, \boldsymbol{x}\rangle \boldsymbol{v}_r + \langle \boldsymbol{v}_{r+1}, \boldsymbol{x}\rangle \boldsymbol{v}_{r+1} + \cdots + \langle \boldsymbol{v}_n, \boldsymbol{x}\rangle \boldsymbol{v}_n \\ &= \frac{\langle \boldsymbol{u}_1, \boldsymbol{b}\rangle \boldsymbol{v}_1}{\sigma_1} + \cdots + \frac{\langle \boldsymbol{u}_r, \boldsymbol{b}\rangle \boldsymbol{v}_r}{\sigma_r} + \langle \boldsymbol{v}_{r+1}, \boldsymbol{x}\rangle \boldsymbol{v}_{r+1} + \cdots + \langle \boldsymbol{v}_n, \boldsymbol{x}\rangle \boldsymbol{v}_n\end{aligned} \tag{5.11}$$

と展開できる（$\hookrightarrow$ Appendix 式 (A.35)）．しかし，$\langle \boldsymbol{v}_{r+1}, \boldsymbol{x}\rangle, \ldots, \langle \boldsymbol{v}_n, \boldsymbol{x}\rangle$ は未知である．そこで，2乗ノルム

$$\|\boldsymbol{x}\|^2 = \langle \boldsymbol{v}_1, \boldsymbol{x}\rangle^2 + \cdots + \langle \boldsymbol{v}_n, \boldsymbol{x}\rangle^2 \tag{5.12}$$

が最小となる解を選ぶという方針に従って（$\hookrightarrow$ Appendix 式 (A.36)），$\langle \boldsymbol{v}_{r+1}, \boldsymbol{x}\rangle = \cdots = \langle \boldsymbol{v}_n, \boldsymbol{x}\rangle = 0$ となる解を採用する．その結果，$\boldsymbol{x}$ が次のように書ける．

$$\begin{aligned}\boldsymbol{x} &= \frac{\langle \boldsymbol{u}_1, \boldsymbol{b}\rangle \boldsymbol{v}_1}{\sigma_1} + \cdots + \frac{\langle \boldsymbol{u}_r, \boldsymbol{b}\rangle \boldsymbol{v}_r}{\sigma_r} = \frac{\boldsymbol{v}_1 \boldsymbol{u}_1^\top \boldsymbol{b}}{\sigma_1} + \cdots + \frac{\boldsymbol{v}_r \boldsymbol{u}_r^\top \boldsymbol{b}}{\sigma_r} \\ &= \Big(\frac{\boldsymbol{v}_1 \boldsymbol{u}_1^\top}{\sigma_1} + \cdots + \frac{\boldsymbol{v}_r \boldsymbol{u}_r^\top}{\sigma_r}\Big)\boldsymbol{b}\end{aligned} \tag{5.13}$$

すなわち，最小2乗解 $\boldsymbol{x}$ は次のように与えられる．

$$\boldsymbol{x} = \boldsymbol{A}^- \boldsymbol{b} \tag{5.14}$$

このとき，前章で指摘したように，$\boldsymbol{A}^-$ を計算するには $\boldsymbol{A}$ のランク r を知る必要がある．これは，考えている問題の背景となる基礎原理や基礎法則から，測定データが理想的な場合にランクがどうなるかという考察から定める．式 (5.1) の n 個の変数や m 個の式の間に，特に何らの理論的な関係や制約がなければ，$r = \min(n, m)$ とすればよい．そうでない場合は，推定したランク r を用いてランク拘束一般逆行列 $(\boldsymbol{A})_r^-$ を計算する．

5.3　1変数多方程式　Multiple Equations of One Variable

例として，$n = 1$ の場合の連立1次方程式

$$a_1 x = b_1, \quad \ldots, \quad a_m x = b_m \tag{5.15}$$

を考える．ただし，$a_1, \ldots, a_m$ のすべてが0ではないとする．ベクトルを用いると，次のように書ける．

$$\boldsymbol{a}x = \boldsymbol{b}, \qquad \boldsymbol{a} = \begin{pmatrix} a_1 \\ \vdots \\ a_m \end{pmatrix} \ (\neq \boldsymbol{0}), \qquad \boldsymbol{b} = \begin{pmatrix} b_1 \\ \vdots \\ b_m \end{pmatrix} \tag{5.16}$$

ベクトル $\boldsymbol{a}$ の一般逆行列 $\boldsymbol{a}^-$ は式 (4.10) で与えられるから，最小2乗解は次のようになる．

$$x = \boldsymbol{a}^-\boldsymbol{b} = \frac{\boldsymbol{a}^\top}{\|\boldsymbol{a}\|^2}\boldsymbol{b} = \frac{\langle \boldsymbol{a}, \boldsymbol{b} \rangle}{\|\boldsymbol{a}\|^2} = \frac{a_1 b_1 + \cdots + a_m b_m}{a_1^2 + \cdots + a_m^2} \tag{5.17}$$

これは形式的に

$$x = \frac{a_1^2(b_1/a_1) + \cdots + a_m^2(b_m/a_m)}{a_1^2 + \cdots + a_m^2} \tag{5.18}$$

とも書けるから，式 (5.15) の各式の解 $x = b_i/a_i$ の，a_i^2 を重みとする重み付き平均（ただし，$a_i = 0$ の項は無視する）とみなせる．式 (5.17) がこれが残差

$$J = (a_1 x - b_1)^2 + \cdots + (a_m x - b_m)^2 \tag{5.19}$$

を最小にする解であることは簡単に確かめられる (↪ Problem 5.5).

5.4　多変数１方程式　Single Multivariate Equation

もう一つの例として，$m = 1$ の場合の連立１次方程式

$$a_1x_1 + \cdots + a_nx_n = b \tag{5.20}$$

を考える．ただし，$a_1, \ldots, a_n$ のすべてが 0 ではないとする．ベクトルを用いると，次のように書ける．

$$\langle \boldsymbol{a}, \boldsymbol{x} \rangle = b, \qquad \boldsymbol{a} = \begin{pmatrix} a_1 \\ \vdots \\ a_n \end{pmatrix} \ (\neq \boldsymbol{0}) \tag{5.21}$$

これは $\boldsymbol{a}^\top \boldsymbol{x} = b$ と書けるから，最小２乗解は $(\boldsymbol{a}^\top)^- \boldsymbol{b}$ で与えられる．行ベクトル $\boldsymbol{a}^\top$ の一般逆行列 $\boldsymbol{a}^{-\top}$ $(= (\boldsymbol{a}^\top)^- = (\boldsymbol{a}^-)^\top)$ は式 (4.11) である．ゆえに，最小２乗解が次のように書ける．

$$\boldsymbol{x} = \boldsymbol{a}^{-\top} b = \frac{b\boldsymbol{a}}{\|\boldsymbol{a}\|^2} \tag{5.22}$$

明らかに $\langle \boldsymbol{a}, \boldsymbol{x} \rangle = b$ が成り立つ．上式の第 i 成分は $x_i = ba_i/\|\boldsymbol{a}\|^2$ であるから，

$$a_ix_i = \frac{a_i^2}{a_1^2 + \cdots + a_n^2} b \tag{5.23}$$

である．これは式 (5.20) において，左辺の各項は，右辺の b を比 $a_i^2 : \cdots : a_n^2$ によって比例配分したものと解釈できる．式 (5.22) が，式 (5.20) を満たす $\boldsymbol{x}$ のうち，$\|\boldsymbol{x}\|^2$ を最小にする解であることは，簡単に確かめられる ($\hookrightarrow$ Problem 5.6).

用語とまとめ　Glossary and Summary

残差　residual：連立１次方程式の各式の左辺と右辺の差の２乗和 J．正式には「残差平方和」.

The sum of squares of the differences between the left and the right sides of linear equations. Formally, it is called the "residual sum of squares."

最小2乗法　least-squares method：連立1次方程式の残差 J を最小にする解 $\boldsymbol{x}$ を計算すること．

Computing the solution $\boldsymbol{x}$ that minimizes the residual J of linear equations.

最小2乗解　least-squares solution：連立1次方程式の残差 J を最小にする解 $\boldsymbol{x}$ で，一意的でないときは2乗ノルム $\|\boldsymbol{x}\|^2$ が最小となる解 $\boldsymbol{x}$．

The solution $\boldsymbol{x}$ that minimizes the residual J of linear equations. If multiple such solutions exist, the one that minimizes the square norm $\|\boldsymbol{x}\|^2$ is chosen.

正規方程式　normal equation：残差 J を $\boldsymbol{x}$ で微分して $\mathbf{0}$ と置いた式 $\nabla_{\boldsymbol{x}} J = \mathbf{0}$．

The equation $\nabla_{\boldsymbol{x}} J = \mathbf{0}$ obtained by differentiating the residual J with respect to $\boldsymbol{x}$ and letting the result be $\mathbf{0}$.

- 連立1次方程式 $\boldsymbol{A}\boldsymbol{x} = \boldsymbol{b}$ の最小2乗解 $\boldsymbol{x}$ は，$\boldsymbol{b}$ を $\boldsymbol{A}$ の列空間 $\mathcal{U}$ に射影した $\boldsymbol{P}_{\mathcal{U}}\boldsymbol{b}$ で置き換えた式 $\boldsymbol{A}\boldsymbol{x} = \boldsymbol{P}_{\mathcal{U}}\boldsymbol{b}$ を満たす（式(5.7)）．

  The least-squares solution $\boldsymbol{x}$ of the linear equation $\boldsymbol{A}\boldsymbol{x} = \boldsymbol{b}$ satisfies the equation $\boldsymbol{A}\boldsymbol{x} = \boldsymbol{P}_{\mathcal{U}}\boldsymbol{b}$ obtained by replacing $\boldsymbol{b}$ by its projection $\boldsymbol{P}_{\mathcal{U}}\boldsymbol{b}$ onto the column domain $\mathcal{U}$ of $\boldsymbol{A}$ (Eq. (5.7)).

- $\boldsymbol{A}\boldsymbol{x} = \boldsymbol{b}$ の最小2乗解 $\boldsymbol{x}$ は，$\boldsymbol{A}$ の一般逆行列 $\boldsymbol{A}^-$ を用いて，$\boldsymbol{x} = \boldsymbol{A}^-\boldsymbol{b}$ で与えられる（式(5.13)）．

  The least-squares solution $\boldsymbol{x}$ of the linear equation $\boldsymbol{A}\boldsymbol{x} = \boldsymbol{b}$ is given by $\boldsymbol{x} = \boldsymbol{A}^-\boldsymbol{b}$ in terms of the pseudoinverse $\boldsymbol{A}^-$ of $\boldsymbol{A}$ (Eq. (5.13)).

- 要素が測定から得られる行列は，理論的な考察からランクを推定して，ランク拘束一般逆行列を計算する．

  For a matrix whose elements are obtained from measurement data, we infer its rank by a theoretical consideration and compute the rank-constrained pseudoinverse.

- 最小 2 乗解を求めるのに，正規方程式を解く必要はない．

  For computing the least-squares solution, we need not solve the normal equation.

第 5 章の問題　Problems of Chapter 5

5.1. $m > n$ であり，$\boldsymbol{A}$ の列が線形独立なとき（すなわち，$r = n$ のとき），

(1) 最小 2 乗解 $\boldsymbol{x}$ が次のように表せることを示せ．

$$\boldsymbol{x} = (\boldsymbol{A}^\top \boldsymbol{A})^{-1} \boldsymbol{A}^\top \boldsymbol{b} \tag{5.24}$$

(2) 残差 J が次のように書けることを示せ．

$$J = \|\boldsymbol{b}\|^2 - \langle \boldsymbol{A}\boldsymbol{x}, \boldsymbol{b} \rangle \tag{5.25}$$

5.2. $m > n = r$ のとき，次式が成り立つことを示せ．

$$(\boldsymbol{A}^\top \boldsymbol{A})^{-1} \boldsymbol{A}^\top = \boldsymbol{A}^- \tag{5.26}$$

5.3. $n > m$ であり，$\boldsymbol{A}$ の行が線形独立なとき（すなわち，$r = m$ のとき），残差は $J = 0$ であり，最小 2 乗解 $\boldsymbol{x}$ が次のように表せることを示せ．

$$\boldsymbol{x} = \boldsymbol{A}^\top (\boldsymbol{A}\boldsymbol{A}^\top)^{-1} \boldsymbol{b} \tag{5.27}$$

5.4. $n > m = r$ のとき，次式が成り立つことを示せ．

$$\boldsymbol{A}^\top (\boldsymbol{A}\boldsymbol{A}^\top)^{-1} = \boldsymbol{A}^- \tag{5.28}$$

5.5. 式 (5.17) の解 x が式 (5.19) の2乗和を最小にすることを示せ.

5.6. 式 (5.22) が，式 (5.20) を満たす $\boldsymbol{x}$ のうち，$\|\boldsymbol{x}\|^2$ を最小にする解であることを示せ.

第6章

ベクトルの確率分布
Probability Distribution of Vectors

本章では，誤差のある測定データを，確定値としてではなく，確率分布を持つ「確率変数」として扱う．確率分布を特徴づける代表的なパラメータは「期待値」(平均) と「共分散行列」である．特に，「正規分布」は期待値と共分散行列のみで指定される．本章では，分布の広がりが全空間ではなく，平面上や球面上のように拘束されていると，共分散行列は特異になり，確率分布を指定するのはその一般逆行列であることを示す．そして，実際的な計算精度の比較方法を述べる．

In this chapter, we regard measurement data with noise not as definitive values but as "random variables" having probability distributions. The principal parameters that characterize a probability distribution are the "mean" (average) and the "covariance matrix." In particular, the "normal distribution" is characterized only by the mean and the covariance matrix. We show in the following that if the probability is not distributed over the entire space but is restricted, e.g., constrained to be on a planar surface or on a sphere, the covariance matrix becomes singular. In such a case, the probability distribution is characterized by the pseudoinverse of the covariance matrix. We show how this leads to a practical method for comparing computational accuracy.

6.1 誤差の共分散行列 Covariance Matrices of Errors

ベクトル $\boldsymbol{x}$ が**確率変数** (random variable) であるとは，その値が確定的に定まるのではなく，ある定まった (あるいは仮定した) **確率分布** (probability distribution) によって指定されるという意味である．物理学や工学では，測定装置やセンサーによって得られた観測値を確率変数とみなすことが多い[1]．具体的には，観測値 $\boldsymbol{x}$ をその真の値（確定値）$\bar{\boldsymbol{x}}$ に誤差（確率変数）$\Delta\boldsymbol{x}$ が加わったと解釈する．

$$\boldsymbol{x} = \bar{\boldsymbol{x}} + \Delta\boldsymbol{x} \tag{6.1}$$

通常は，誤差 $\Delta\boldsymbol{x}$ の**期待値** (expectation)（すなわち平均）は $\mathbf{0}$ と仮定する（もし $\mathbf{0}$ でない期待値を持つなら，それを差し引いて確率分布をモデル化すればよい）．すなわち，

$$E[\Delta\boldsymbol{x}] = \mathbf{0} \tag{6.2}$$

とする．$E[\cdot]$ は誤差の確率分布に関する期待値を表す．そして，誤差の**共分散行列** (covariance matrix) を次のように定義する ($\hookrightarrow$ Problem 6.1)．

$$\boldsymbol{\Sigma} = E[\Delta\boldsymbol{x}\Delta\boldsymbol{x}^\top] \tag{6.3}$$

この定義より，$\boldsymbol{\Sigma}$ は半正値対称行列であり，その固有値は正または零である ($\hookrightarrow$ Problem 6.2)．式 (6.3) より，誤差 $\Delta\boldsymbol{x}$ の**平均 2 乗** (mean square) が共分散行列 $\boldsymbol{\Sigma}$ のトレースで与えられる ($\hookrightarrow$ Problem 6.3)．

$$\mathrm{tr}\boldsymbol{\Sigma} = E[\|\Delta\boldsymbol{x}\|^2] \tag{6.4}$$

共分散行列 $\boldsymbol{\Sigma}$ の非負の固有値を $\sigma_1^2, \ldots, \sigma_n^2$ と書き，それに対する単位固有ベクトルの正規直交系を $\{\boldsymbol{u}_1, \ldots, \boldsymbol{u}_n\}$ とすると，$\boldsymbol{\Sigma}$ は次のようにスペクトル分解される（$\hookrightarrow$ 式 (2.3)）．

$$\boldsymbol{\Sigma} = \sum_{i=1}^{n} \sigma_i^2 \boldsymbol{u}_i \boldsymbol{u}_i^\top \tag{6.5}$$

ベクトル $\boldsymbol{u}_1, \ldots, \boldsymbol{u}_n$ の方向を，誤差分布の**主軸** (principal axis) と呼ぶ．そして，各 $\sigma_1^2, \ldots, \sigma_n^2$ はその方向の誤差の分散を表す（すなわち，$\sigma_1, \ldots,$

[1] 現実の観測値は必ず確定値であり，確率を導入して確率変数とみなすのは数学的な虚構（モデル）にすぎない．しかし，多くの問題をよく近似できるので，非常に有用である．

σ_n が標準偏差を表す)．実際，誤差 $\Delta\boldsymbol{x}$ の $\boldsymbol{u}_i$ 方向の成分，すなわち $\boldsymbol{u}_i$ 方向への射影長は，式 (1.16) に示したように $\langle\Delta\boldsymbol{x}, \boldsymbol{u}_i\rangle$ であり，その平均 2 乗は

$$E[\langle\Delta\boldsymbol{x}, \boldsymbol{u}_i\rangle^2] = E[(\boldsymbol{u}_i^\top \Delta\boldsymbol{x})(\Delta\boldsymbol{x}^\top \boldsymbol{u}_i)]$$
$$= \langle\boldsymbol{u}_i, E[\Delta\boldsymbol{x}\Delta\boldsymbol{x}^\top]\boldsymbol{u}_i\rangle = \langle\boldsymbol{u}_i, \boldsymbol{\Sigma}\boldsymbol{u}_i\rangle = \sigma_i^2 \tag{6.6}$$

となる．すべての固有値が等しいとき，すなわち $\sigma_1^2 = \cdots = \sigma_n^2$ $(= \sigma^2)$ のとき，誤差分布は**等方性** (isotropic) であるという．このときは，どの方向へも変動の可能性が等しい．そして，式 (6.3) の共分散行列 $\boldsymbol{\Sigma}$ が

$$\boldsymbol{\Sigma} = \sigma^2 \sum_{i=1}^{n} \boldsymbol{u}_i\boldsymbol{u}_i^\top = \sigma^2 \boldsymbol{I} \tag{6.7}$$

と書ける（$\hookrightarrow$ 式 (2.4)）．そうでなければ，誤差分布は**異方性** (anisotropic) であるという．このときは，$\boldsymbol{x}$ の変動のしやすさは方向に依存する．特に，最大固有値 $\sigma_{\max}^2$ に対する固有ベクトル $\boldsymbol{u}_{\max}$ の方向が，誤差の最も生じやすい方向であり，$\sigma_{\max}^2$ がその方向の分散である．なぜなら，誤差 $\Delta\boldsymbol{x}$ の単位ベクトル $\boldsymbol{u}$ 方向の射影長は $\langle\Delta\boldsymbol{x}, \boldsymbol{u}\rangle$ であり（$\hookrightarrow$ 1.4 節），その平均 2 乗は，式 (6.6) と同様にして，$E[\langle\Delta\boldsymbol{x}, \boldsymbol{u}\rangle^2] = \langle\boldsymbol{u}, \boldsymbol{\Sigma}\boldsymbol{u}\rangle$ となるからである．これは対称行列 $\boldsymbol{\Sigma}$ に関する 2 次形式であり，それを最大にする単位ベクトル $\boldsymbol{u}$ は最大固有値 $\sigma_{\max}$ に対する単位固有ベクトル $\boldsymbol{u}_{\max}$ である（$\hookrightarrow$ Appendix A.10 節）．

一方，固有値が 0 の固有ベクトル $\boldsymbol{u}_i$ があれば，その方向には誤差が生じないことを意味する．現実問題では，これは $\boldsymbol{x}$ のその方向への変動が物理的に制約されていることを意味する．

6.2 ベクトルの正規分布 Normal Distribution of Vectors

代表的な確率分布は**正規分布** (normal distribution) である．n 次元空間 $\mathcal{R}^n$ ではその分布は期待値 $\bar{\boldsymbol{x}}$ と共分散行列 $\boldsymbol{\Sigma}$ のみで指定され，確率密度は次の形をしている．

$$p(\boldsymbol{x}) = C \exp(-\frac{1}{2}\langle\boldsymbol{x} - \bar{\boldsymbol{x}}, \boldsymbol{\Sigma}^{-1}(\boldsymbol{x} - \bar{\boldsymbol{x}})\rangle) \tag{6.8}$$

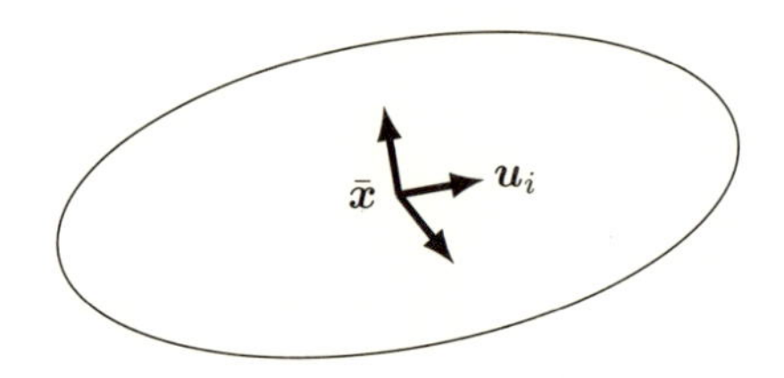

図 6.1　誤差楕円体．期待値 $\bar{\boldsymbol{x}}$ を中心とし，共分散行列 $\boldsymbol{\Sigma}$ の各主軸 $\boldsymbol{u}_i$ が対称軸である．そして，各主軸方向の半径がその方向の誤差の標準偏差 σ_i を表している．

Fig. 6.1　Error ellipsoid. It is centered on the expectation $\bar{\boldsymbol{x}}$, and the principal axes $\boldsymbol{u}_i$ of the covariance matrix $\boldsymbol{\Sigma}$ are its axes of symmetry. The radius along each principal axis is the standard deviation σ_i of errors in that direction.

ただし，C は全空間 $\mathcal{R}^n$ での積分が 1 となるように定める正規化定数である（その具体的な値は，$1/\sqrt{(2\pi)^n\sigma_1^2\cdots\sigma_n^2}$）．分布は全空間に広がり，共分散行列 $\boldsymbol{\Sigma}$ は正値（すなわち，すべての固有値が正）と仮定される．そして，次の関係が成り立つ．

$$\int_{\mathcal{R}^n} p(\boldsymbol{x})d\boldsymbol{x} = 1, \quad \int_{\mathcal{R}^n} \boldsymbol{x}p(\boldsymbol{x})d\boldsymbol{x} = \bar{\boldsymbol{x}},$$
$$\int_{\mathcal{R}^n} (\boldsymbol{x}-\bar{\boldsymbol{x}})(\boldsymbol{x}-\bar{\boldsymbol{x}})^\top p(\boldsymbol{x})d\boldsymbol{x} = \boldsymbol{\Sigma} \tag{6.9}$$

ただし，$\int_{\mathcal{R}^n}(\cdots)d\boldsymbol{x}$ は全空間 $\mathcal{R}^n$ での積分を表す．

確率密度 $p(\boldsymbol{x})$ が一定となる曲面で

$$\langle \boldsymbol{x}-\bar{\boldsymbol{x}}, \boldsymbol{\Sigma}^{-1}(\boldsymbol{x}-\bar{\boldsymbol{x}})\rangle = 1 \tag{6.10}$$

と書けるものを**誤差楕円体** (error ellipsoid) と呼ぶ (Fig. 6.1)．これは，$\bar{\boldsymbol{x}}$ を中心とする楕円体である．2 変数の場合には**誤差楕円** (error ellipse)，1 変数では**信頼区間** (confidence interval) とも呼ばれる．そして，共分散行列 $\boldsymbol{\Sigma}$ の各固有ベクトル $\boldsymbol{u}_i$ が対称軸であり，その方向の半径がその方向の標準偏差 σ_i に等しい ($\hookrightarrow$ Problems 6.4 and 6.5)．すなわち，誤差楕円体は，各方向の誤差の生じやすさを表している．

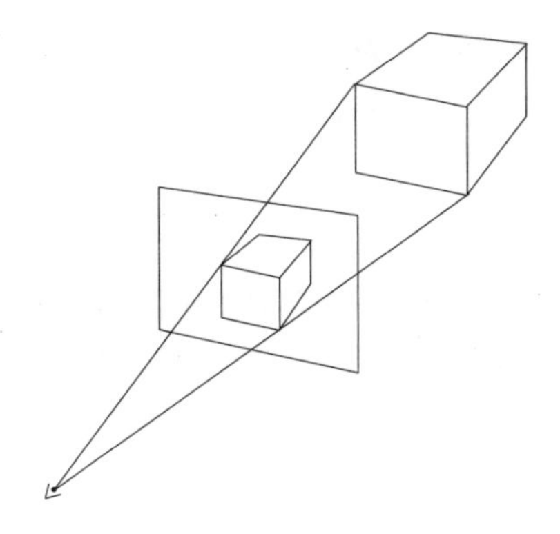

図6.2 ディスプレー上や画像に写っている図形を，ある視点から見た3次元空間の物体の透視図であると解釈する.

Fig. 6.2 The figures shown on the display or in the image are interpreted to be perspective images of some three-dimensional objects viewed from a particular viewpoint.

一方，工学的な応用，特にコンピュータグラフィクスやコンピュータビジョンでは正値でない共分散行列を考えることがある．共分散行列に固有値0があるということは，その固有ベクトル方向への変動が禁止されていることを意味する．典型的なのは，観測点がある平面上に制約されている場合である．例えば，コンピュータグラフィクスやコンピュータビジョンにおいて，ディスプレー上や画像上に定めた点の位置の信頼性を評価したいとする．このとき，誤差による変動はその平面内で起こり，垂直方向の変動は禁止される．それなら，その平面内に2次元座標系を定義して，2次元正規分布を考えればよさそうであるが，これを3次元空間内の平面とみなすほうが便利である．それは，3次元空間内に**視点** (viewpoint) と呼ぶ点（人間の眼の位置やカメラのレンズの中心に対応する）を指定して，ディスプレー面や画像（カメラの撮像面と同一視される）に写っている図形の幾何学的な性質や関係を，3次元空間の透視図 (Fig. 6.2) として記述するのが解析に都合がよいからである.

このような応用を考慮して，$n \times n$ 共分散行列 $\mathbf{\Sigma}$ のランクを r とし，正の固有値 $\sigma_1^2, \ldots, \sigma_r^2$ (> 0) に対する単位固有ベクトルの正規直交系を $\boldsymbol{u}_1, \ldots,$ $\boldsymbol{u}_r$ とする．そして，それらの張る r 次元部分空間を $\mathcal{U}$ と書く．これは，確

率的変動がすべて$\mathcal{U}$内で生じ，$\mathcal{U}^\perp$ 方向の変動は生じないと考えることである．このときの，期待値 $\bar{\boldsymbol{x}}$，共分散行列 $\boldsymbol{\Sigma}$ の正規分布の確率分布密度は

$$p(\boldsymbol{x}) = C\exp(-\frac{1}{2}\langle \boldsymbol{x}-\bar{\boldsymbol{x}}, \boldsymbol{\Sigma}^{-}(\boldsymbol{x}-\bar{\boldsymbol{x}})\rangle) \tag{6.11}$$

の形をしている．ただし，$\boldsymbol{\Sigma}^{-}$ は共分散行列 $\boldsymbol{\Sigma}$ の一般逆行列である．そして，C は（全空間 $\mathcal{R}^n$ ではなく）$\mathcal{U}$ 内での積分が1となるように定める正規化定数である（具体的には，$1/\sqrt{(2\pi)^r\sigma_1^2\cdots\sigma_r^2}$）．このとき，次の関係が成り立つ．

$$\int_{\mathcal{U}} p(\boldsymbol{x})d\boldsymbol{x} = 1, \quad \int_{\mathcal{U}} \boldsymbol{x}p(\boldsymbol{x})d\boldsymbol{x} = \bar{\boldsymbol{x}},$$
$$\int_{\mathcal{U}} (\boldsymbol{x}-\bar{\boldsymbol{x}})(\boldsymbol{x}-\bar{\boldsymbol{x}})^\top p(\boldsymbol{x})d\boldsymbol{x} = \boldsymbol{\Sigma} \tag{6.12}$$

ただし，$\int_{\mathcal{U}}(\cdots)d\boldsymbol{x}$ は$\mathcal{U}$内での積分を表す．

共分散行列 $\boldsymbol{\Sigma}$，およびその一般逆行列 $\boldsymbol{\Sigma}^{-}$ のスペクトル分解は

$$\boldsymbol{\Sigma} = \sum_{i=1}^{r}\sigma_i^2\boldsymbol{u}_i\boldsymbol{u}_i^\top, \qquad \boldsymbol{\Sigma}^{-} = \sum_{i=1}^{r}\frac{\boldsymbol{u}_i\boldsymbol{u}_i^\top}{\sigma_i^2} \tag{6.13}$$

の形をしている．したがって，部分空間$\mathcal{U}$への射影行列 $\boldsymbol{P}_{\mathcal{U}}$ $(=\sum_{i=1}^{r}\boldsymbol{u}_i\boldsymbol{u}_i^\top)$ に対して，

$$\boldsymbol{P}_{\mathcal{U}}\boldsymbol{\Sigma} = \boldsymbol{\Sigma}\boldsymbol{P}_{\mathcal{U}} = \boldsymbol{P}_{\mathcal{U}}\boldsymbol{\Sigma}\boldsymbol{P}_{\mathcal{U}} = \boldsymbol{\Sigma},$$
$$\boldsymbol{P}_{\mathcal{U}}\boldsymbol{\Sigma}^{-} = \boldsymbol{\Sigma}^{-}\boldsymbol{P}_{\mathcal{U}} = \boldsymbol{P}_{\mathcal{U}}\boldsymbol{\Sigma}^{-}\boldsymbol{P}_{\mathcal{U}} = \boldsymbol{\Sigma}^{-} \tag{6.14}$$

である．このため

$$\begin{aligned}\langle \boldsymbol{x}-\bar{\boldsymbol{x}}, \boldsymbol{\Sigma}^{-}(\boldsymbol{x}-\bar{\boldsymbol{x}})\rangle &= \langle \boldsymbol{x}-\bar{\boldsymbol{x}}, (\boldsymbol{P}_{\mathcal{U}}\boldsymbol{\Sigma}^{-}\boldsymbol{P}_{\mathcal{U}})(\boldsymbol{x}-\bar{\boldsymbol{x}})\rangle \\ &= \langle \boldsymbol{P}_{\mathcal{U}}(\boldsymbol{x}-\bar{\boldsymbol{x}}), \boldsymbol{\Sigma}^{-}(\boldsymbol{P}_{\mathcal{U}}(\boldsymbol{x}-\bar{\boldsymbol{x}}))\rangle \end{aligned} \tag{6.15}$$

である（$\hookrightarrow$ Appendix 式 (A.27)）．すなわち，一般逆行列 $\boldsymbol{\Sigma}^{-}$ を用いることは，$\boldsymbol{x}-\bar{\boldsymbol{x}}$ ではなく，それを$\mathcal{U}$に射影した $\boldsymbol{P}_{\mathcal{U}}(\boldsymbol{x}-\bar{\boldsymbol{x}})$ に対する正規分布を考えていることに相当する．そして，$\mathcal{U}$ 内では各主軸方向に σ_i^2 (>0) の分散を持ち，$\mathcal{U}$ 内で正値な共分散行列 $\boldsymbol{\Sigma}^{-}$ が定義されているとみなせる．

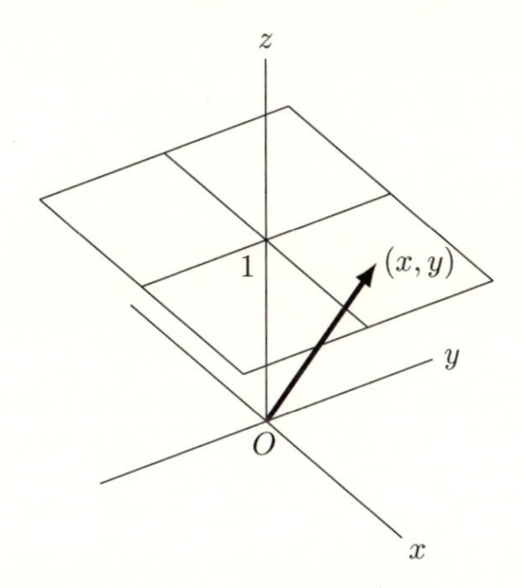

図 6.3　画像面，あるいはディスプレー面を 3 次元空間の平面 $z = 1$ とみなして，その上の位置 (x, y) を 3 次元ベクトル $\boldsymbol{x}$ で表す．

Fig. 6.3　The image plane or the display is interpreted to be the plane $z = 1$ in three dimensions, and the position (x, y) on it is represented by a three-dimensional vector $\boldsymbol{x}$.

例　画像面上の正規分布　Normal distribution over the image plane

画像面上の正規分布は次のように既述される．観測点 (x, y) の真の位置を $(\bar{x}, \bar{y})$ とし，$(x, y) = (\bar{x} + \Delta x, \bar{y} + \Delta y)$ と書く．誤差 $\Delta x, \Delta y$ は，期待値 0，分散，共分散が

$$E[(\Delta x)^2] = \sigma_x^2, \quad E[(\Delta y)^2] = \sigma_y^2, \quad E[(\Delta x)(\Delta y)] = \gamma \tag{6.16}$$

の正規分布であるとする．画像面（あるいはディスプレー面）を 3 次元空間の平面 $z = 1$ とみなし (Fig. 6.3)，点 $(x, y), (\bar{x}, \bar{y})$ を 3 次元ベクトルとして

$$\boldsymbol{x} = \begin{pmatrix} x \\ y \\ 1 \end{pmatrix}, \qquad \bar{\boldsymbol{x}} = \begin{pmatrix} \bar{x} \\ \bar{y} \\ 1 \end{pmatrix} \tag{6.17}$$

と表すと[2)]，共分散行列 $\boldsymbol{\Sigma}$ は次の形をしている．

---

2) これは，射影幾何学において，平面上の点を 3 次元「同次座標」(homogeneous coordinate) で表すことに相当している．

$$\boldsymbol{\Sigma} = \begin{pmatrix} \sigma_x^2 & \gamma & 0 \\ \gamma & \sigma_y^2 & 0 \\ 0 & 0 & 0 \end{pmatrix} \tag{6.18}$$

これは正値ではなく，$\boldsymbol{x}$ の確率密度が次のように書ける．

$$p(\boldsymbol{x}) = C \exp(-\frac{1}{2}\langle \boldsymbol{x} - \bar{\boldsymbol{x}}, \boldsymbol{\Sigma}^{-}(\boldsymbol{x} - \bar{\boldsymbol{x}})\rangle), \quad C = \frac{1}{2\pi(\sigma_x^2\sigma_y^2 - \gamma^2)} \tag{6.19}$$

6.3　球面上の確率分布　Probability Distribution over a Sphere

平面上の分布とともに，正値でない共分散行列が現れる応用に，“球面上”の分布がある．物理学や工学の問題で，センサーで測定できるのが方向のみであることがある．その方向ベクトルを便宜上，単位ベクトルに正規化すれば，観測データは単位球面上の１点とみなせる．

代表的なのは，画像のみによる観測である．カメラは入射光の方向を特定できるが，対象物体の奥行きは不定である．これはカメラを何台用いても同様であり，近くの小さい物体に対して，カメラを少し移動させても，遠くの大きい物体に対して，カメラを大きく移動させても，画像上の観察は同じになる．近年，カメラ画像のみを用いて，シーンや物体の３次元形状を復元するコンピュータビジョンの技術が発展しているが，復元形状の絶対的なスケールは未定である．このスケール不定性は復元形状に限らない．画像からシーンの構造を表すいろいろな行列が計算されるが，それらが定数倍を除いて定まることが多い[3)]．このとき，それらの行列はその要素の２乗和を１に正規化する．$n \times n$ 行列を n^2 個の行列要素を並べた n^2 次元ベクトルとみなせば，正規化により，n^2 次元空間の単位球面上の１点とみなせる．

以上のことを考慮して，測定データ $\boldsymbol{x}$ は n 次元単位ベクトルであるとする．これは，n 次元空間 $\mathcal{R}^n$ 中の $n-1$ 次元単位球面 S^{n-1} 上の点とみなされる．そして，真の位置 $\bar{\boldsymbol{x}}$ の周りにその確率分布が定義される．しかし，これを一般的に解析するのは極めて複雑になる．何より，代表的な確率分布で

---

3) 代表的なものに，「基礎行列」(fundamental matrix) と「射影変換行列」(homography matrix) と呼ばれるものがある．

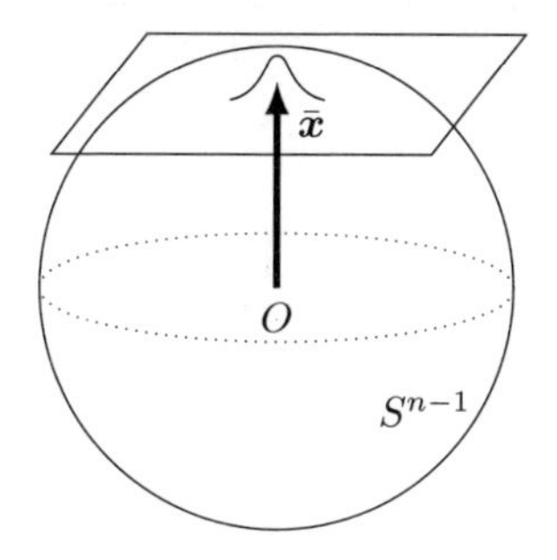

図 6.4 球面上の測定値 $\boldsymbol{x}$ は，その期待値 $\bar{\boldsymbol{x}}$ における接平面上の周りの小さい領域に分布しているとみなす．

Fig. 6.4 The measurement $\boldsymbol{x}$ on a sphere is thought of as distributed over a small region of the tangent plane around its expectation $\bar{\boldsymbol{x}}$.

ある正規分布が定義できない．正規分布は全空間 $\mathcal{R}^n$ の無限遠方まで広がっているのに，球面 S^{n-1} は有限であるからである．しかし，最近のカメラやセンサー機器は精度が高く，$\boldsymbol{x}$ の誤差 $\Delta\boldsymbol{x}$ は比較的小さいのが普通である[4]．このため，$\boldsymbol{x}$ は球面 S^{n-1} 上の $\bar{\boldsymbol{x}}$ の周りの非常に小さい範囲に分布していると考えられる．したがって，これは S^{n-1} の $\bar{\boldsymbol{x}}$ における接平面の上の分布とみなすことができる (Fig. 6.4)．これによって，$\boldsymbol{x}$ の期待値や共分散行列や正規分布が定義できる．点 $\bar{\boldsymbol{x}}$ における S^{n-1} の接平面は $n-1$ 次元（超）平面であり，その単位法線ベクトルは $\bar{\boldsymbol{x}}$ そのものである．したがって，式 (1.17) より，接平面上への射影行列は

$$\boldsymbol{P}_{\bar{\boldsymbol{x}}} = \boldsymbol{I} - \bar{\boldsymbol{x}}\bar{\boldsymbol{x}}^\top \tag{6.20}$$

となる．

実際的な応用として，測定値 $\boldsymbol{x}$ の信頼性の評価を考える．測定を多数回行い，その結果が $\boldsymbol{x}_1, \ldots, \boldsymbol{x}_N$ であったとする．あるいは，$\boldsymbol{x}$ をある計算手法によって求めたとき，その計算手法の性能を評価するために，元となるデータにランダムに誤差を加え，いろいろ異なる誤差に対する計算結果が $\boldsymbol{x}_1, \ldots, \boldsymbol{x}_N$ であったとする．そして，これらが理論値 $\bar{\boldsymbol{x}}$ とどの程度の違いがあるかを評価したいとする．

[4] 例えば，画像処理による画像上の位置測定の誤差は 1〜3 画素程度が普通である．

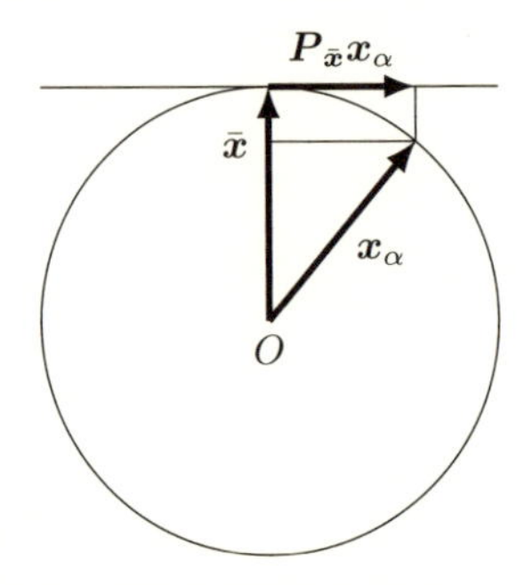

図 6.5　測定値 $\boldsymbol{x}_\alpha$ の期待値 $\bar{\boldsymbol{x}}$ からのずれは，$\boldsymbol{x}_\alpha$ を $\bar{\boldsymbol{x}}$ における接平面上に射影した成分 $\boldsymbol{P}_{\bar{\boldsymbol{x}}}\boldsymbol{x}_\alpha$ によって評価する．

Fig. 6.5　The deviation of a measurement $\boldsymbol{x}_\alpha$ from its expectation $\bar{\boldsymbol{x}}$ is evaluated by the projection $\boldsymbol{P}_{\bar{\boldsymbol{x}}}\boldsymbol{x}_\alpha$ of $\boldsymbol{x}_\alpha$ onto the tangent plane at $\bar{\boldsymbol{x}}$.

α 番目の測定値 $\boldsymbol{x}_\alpha \in S^{n-1}$ の接平面上への射影は

$$\hat{\boldsymbol{x}}_\alpha = \boldsymbol{P}_{\bar{\boldsymbol{x}}}\boldsymbol{x}_\alpha \tag{6.21}$$

と書ける (Fig. 6.5)．そのサンプル平均 (sample mean) $\boldsymbol{m}$，サンプル共分散行列 (sample covariance matrix) $\boldsymbol{S}$ が次のように計算される．

$$\boldsymbol{m} = \frac{1}{N}\sum_{\alpha=1}^{N}\hat{\boldsymbol{x}}_\alpha, \qquad \boldsymbol{S} = \frac{1}{N}\sum_{\alpha=1}^{N}(\hat{\boldsymbol{x}}_\alpha - \boldsymbol{m})(\hat{\boldsymbol{x}}_\alpha - \boldsymbol{m})^\top \tag{6.22}$$

ただし，「サンプル○○」という用語は，期待値の計算に含まれる式 (6.9), (6.12) のような真の確率分布に対する積分を，すべての実現値（観測値，測定値，サンプル，データなどとも呼ぶ）にわたる平均に置き換えることを表す[5]．

サンプル平均 $\boldsymbol{m}$ は，接平面上での真の位置 $\bar{\boldsymbol{x}}$ からの平均的なずれを表し，その大きさ $\|\boldsymbol{m}\|$（理想的には 0）は偏差 (bias) と呼ばれる[6]．サンプル共分

---

[5] 統計学では，「サンプル」の代わりに「標本」という語を用いて，「標本平均」，「標本共分散行列」などと呼ぶことが多い．

[6] 確率変数に対しては，期待値の真値からのずれをいい，偏差がないものを「不偏」(unbiased) という．実現値に対しては，サンプル平均の真値からのずれをいう．ここでは実現値に対する意味である．

散行列 $\boldsymbol{S}$ の対角要素 S_{ii} は $\hat{\boldsymbol{x}}_\alpha$ の第 i 成分 $\hat{x}_{i\alpha}$ のサンプル分散であり，非対角要素 S_{ij}, $i \neq j$ は $\hat{x}_{i\alpha}, \hat{x}_{j\alpha}$ のサンプル共分散である ($\hookrightarrow$ Problem 6.6)．サンプル共分散行列 $\boldsymbol{S}$ のトレースの平方根

$$\sqrt{\mathrm{tr}\boldsymbol{S}} = \sqrt{\frac{1}{N}\sum_{\alpha=1}^{N}\|\hat{\boldsymbol{x}}_\alpha - \boldsymbol{m}\|^2} \tag{6.23}$$

は**平方（根）平均 2 乗誤差**[7] (root-mean-square error) と呼ばれ，観測の精度，あるいは計算手法の性能の代表的な指標となる．

サンプル共分散行列 $\boldsymbol{S}$ は，式 (6.21) の $\boldsymbol{P}_{\bar{\boldsymbol{x}}}$ による $\hat{\boldsymbol{x}}_\alpha$ の定義より，

$$\boldsymbol{P}_{\bar{\boldsymbol{x}}}\boldsymbol{S} = \boldsymbol{S}\boldsymbol{P}_{\bar{\boldsymbol{x}}} = \boldsymbol{P}_{\bar{\boldsymbol{x}}}\boldsymbol{S}\boldsymbol{P}_{\bar{\boldsymbol{x}}} = \boldsymbol{S} \tag{6.24}$$

であり，$\boldsymbol{S}$ のランクは一般に $n-1$ である．$\boldsymbol{x}$ の分布を正規分布とみなすと，その**経験確率密度** (empirical probabilty density) が次のように得られる．C は接平面上での積分が 1 となるように定める正規化定数である．

$$p(\boldsymbol{x}) = C\exp(-\frac{1}{2}\langle \boldsymbol{x} - \boldsymbol{m}, \boldsymbol{S}^-(\boldsymbol{x} - \boldsymbol{m})\rangle) \tag{6.25}$$

ただし,「経験○○」という用語は，理論式に含まれるパラメータを，サンプル平均やサンプル共分散行列のような実現値から推定した値に置き換えることを表す．

用語とまとめ　Glossary and Summary

確率変数　random variable：確定的な値をとらず，値がある確率分布によって定まる変数．

A variable whose value is not definitive but specified by a probability distribution.

[7]「平均 2 乗平方根誤差」あるいは「2 乗平均平方根誤差」と呼ばれることもある．しばしば「RMS 誤差」(RMS error) と略記される．

確率分布 probability distribution：値のとりうる範囲と，その可能性を指定する関数.

A function that specifies the range of possible values of a variable and their likelihoods.

期待値 expectation：確率変数の可能な値の，実現の確率による重み付き平均．連続な確率変数の場合は，その密度関数を掛けた積分.

The average of the possible values of a random variable weighted by the probabilities of their occurrences. For a continuous random variable, it is given by the integral after multiplied by the probability density.

共分散行列 covariance matrix：確率変数 $\boldsymbol{x}$ に対して，対角要素が第 i 成分の分散，(i, j) 要素が第 i 成分と第 j 成分の共分散を与える行列.

The matrix given for a random variable $\boldsymbol{x}$ so that its ith diagonal element is the variance of the ith component and the (i, j) element is the covariance of the ith and the jth components.

平均2乗 mean square：確率変数 $\boldsymbol{x}$ の2乗ノルムの期待値.

The expectation of the square norm of a random variable $\boldsymbol{x}$.

主軸 principal axis：共分散行列の各固有ベクトルの方向.

The direction of each eigenvector of the covariance matrix.

等方性 isotropy：誤差が発生する可能性とその程度がどの方向にも等しいような確率分布．方向に依存するときは「異方性」であるという.

A probability distribution for which the possibility and the magnitude of error occurence are the same for all directions is said to be "isotropic"; if they depend on the direction, the distribution is "anisotropic."

正規分布 normal distribution：ドイツの数学者ガウスがモデル化した確率分布．その密度関数は，確率変数の2次形式の指数関数の形をとる．物理学では「ガウス分布」と呼ぶことが多い．

The probability distribution modeled by the German mathematician Gauss. Its density function has the form of exponential of the quadratic form of the random variable. Physicists often call it the "Gaussian distribution."

誤差楕円体 error ellipsoid：確率変数に対して，その値が現れる可能性が高い領域を示す楕円体．2変数では「誤差楕円」，1変数では「信頼区間」と呼ぶ．

The ellipsoid that describes the region in which the occurence of the values of a random variable is highly likely. It is called "error ellipse" for two variables and "confidence interval" for a single variable.

視点 viewpoint：コンピュータグラフィクスやコンピュータビジョンにおいて，ディスプレー面や画像上の図形を，3次元シーンを3次元空間のある点から眺めた透視図とみなすときの，人間の眼の位置やカメラのレンズの中心に対応する点．

For computer graphics and computer vision, the figures shown on the display or in the image are interpreted to be perspective images of some three-dimensional objects viewed from a particular point in the three-dimensional space. It is called the "viewpoint" and corresponds to the position of the human eye or the lens center of the camera.

サンプル平均 sample mean：確率変数 $\boldsymbol{x}$ の期待値 $E[\boldsymbol{x}]$ を，その実現値 $\boldsymbol{x}_\alpha$, $\alpha = 1, \ldots, N$ の代数的平均 $(1/N)\sum_{\alpha=1}^{N}\boldsymbol{x}_\alpha$ で近似すること．「標本平均」ともいう．共分散行列に対しても，期待値操作をサンプル平均で置き換えたものを「サンプル共分散行列」（または「標本共分散行列」）という．

The approximation of the expectation $E[\boldsymbol{x}]$ of random variable $\boldsymbol{x}$ by the algebraic average $(1/N)\sum_{\alpha=1}^{N}\boldsymbol{x}_\alpha$ of its occurrences $\boldsymbol{x}_\alpha$, $\alpha = 1, \ldots, N$. For a covariance matrix, we obtain the corresponding "sample covariance matrix" by replacing the expectation operation by sample averaging.

偏差 bias：確率変数の期待値の真値からのずれ，あるいはサンプル平均の真値からのずれ．

The deviation of the expectation of a random variable from its true value, or the deviation of the sample mean from the true value.

平方（根）平均2乗誤差 root-mean-square error：実現値とサンプル平均との差の2乗の平均の平方根．誤差の大きさを評価する代表的な指標．「平均2乗平方根誤差」，「2乗平均平方根誤差」とも呼ばれ，「RMS誤差」と略記される．

The square root of the average of the square differences between the occurrences and the sample mean. It is a typical index for measuring the error magnitude and often abbreviated to the "RMS error."

経験確率密度 empirical probability density：確率分布を指定する確率密度に対して，含まれるパラメータを実現値から（サンプル平均などによって）推定した値に置き換えた関数．

For a probability density involving unknown parameters that specify the probability distribution, their values can be estimated from observed data occurrences, e.g., computing sample means. If the estimated parameter values are substituted, the resulting density function is called the "empirical probability density."

- 確率変数$\boldsymbol{x}$の共分散行列$\boldsymbol{\Sigma}$のスペクトル分解を$\boldsymbol{\Sigma} = \sum_{i=1}^{n} \sigma_i^2 \boldsymbol{u}_i \boldsymbol{u}_i^\top$とすると，第$i$主軸$\boldsymbol{u}_i$方向の誤差の分散が$\sigma_i^2$である．

If the covariance matrix $\boldsymbol{\Sigma}$ of a random variable $\boldsymbol{x}$ has the spectral decomposition $\boldsymbol{\Sigma} = \sum_{i=1}^{n} \sigma_i^2 \boldsymbol{u}_i \boldsymbol{u}_i^\top$, the variance of the error in the direction of the ith principal axis $\boldsymbol{u}_i$ is σ_i^2.

- 共分散行列 $\boldsymbol{\Sigma}$ の最大固有値 $\sigma^2_{\max}$ に対する固有ベクトル $\boldsymbol{u}_{\max}$ の方向が，誤差が最も生じやすい方向であり，$\sigma^2_{\max}$ がその方向の分散である．

  The eigenvector $\boldsymbol{u}_{\max}$ of the covariance matrix $\boldsymbol{\Sigma}$ for the largest eigenvalue $\sigma^2_{\max}$ is in the direction along which the error is most likely to occur, and $\sigma^2_{\max}$ is the variance in that direction.

- 分布が等方性であれば，共分散行列 $\boldsymbol{\Sigma}$ は単位行列 $\boldsymbol{I}$ の定数倍である．

  If the distribution is isotropic, the covariance matrix $\boldsymbol{\Sigma}$ is a scalar multiple of the identity matrix $\boldsymbol{I}$.

- $\boldsymbol{x}$ の正規分布は，期待値 $\bar{\boldsymbol{x}}$ と共分散行列 $\boldsymbol{\Sigma}$ の逆行列 $\boldsymbol{\Sigma}^{-1}$ で指定される（式(6.8)）．

  The normal distribution of $\boldsymbol{x}$ is specified by its expectation $\bar{\boldsymbol{x}}$ and the inverse $\boldsymbol{\Sigma}^{-1}$ of its covariance matrix $\boldsymbol{\Sigma}$ (Eq. (6.8)).

- $\boldsymbol{x}$ の分布が拘束されていて，$\mathcal{R}^n$ のある方向には誤差が発生し得ないとき，その共分散行列 $\boldsymbol{\Sigma}$ はランク n 以下の特異行列となる．分布が正規分布なら，期待値 $\bar{\boldsymbol{x}}$ と共分散行列 $\boldsymbol{\Sigma}$ の一般逆行列 $\boldsymbol{\Sigma}^{-}$ で指定される（式(6.11)）．

  If the distribution of $\boldsymbol{x}$ is constrained in $\mathcal{R}^n$ so that the error cannot occur in certain directions, its covariance matrix $\boldsymbol{\Sigma}$ is a singular matrix whose rank is less than n. If the distribution is normal, it is specified by its expectation $\bar{\boldsymbol{x}}$ and the pseudoinverse $\boldsymbol{\Sigma}^{-}$ (Eq. (6.11)).

- 正規分布を一般逆行列 $\boldsymbol{\Sigma}^{-}$ で指定することは，$\boldsymbol{x}-\bar{\boldsymbol{x}}$ を共分散行列 $\boldsymbol{\Sigma}$ の列空間 $\mathcal{U}$ へ射影した $\boldsymbol{P}_{\mathcal{U}}(\boldsymbol{x}-\bar{\boldsymbol{x}})$ の正規分布を考えることである．$\mathcal{U}$ に直交する方向 $\mathcal{U}^{\perp}$ には制約により，誤差が発生し得ない．

  Specifying a normal distribution using the pseudoinverse $\boldsymbol{\Sigma}^{-}$ means considering the normal distribution of the projection $\boldsymbol{P}_{\mathcal{U}}(\boldsymbol{x}-\bar{\boldsymbol{x}})$ of $\boldsymbol{x}-\bar{\boldsymbol{x}}$ onto the column domain $\mathcal{U}$ of $\boldsymbol{\Sigma}$; by this constraint, no error occurs in the directions $\mathcal{U}^{\perp}$ orthogonal to $\mathcal{U}$.

- 方向のみが測定できるデータや，絶対的なスケールが不定の量（画像のみから計算される量のほとんど）は$\mathcal{R}^n$の単位球面S^{n-1}上に分布する確率変数とみなせる．

Data for which only their directions can be measured and quantities whose absolute scales are indeterminate, which include most of the values computed from image data alone, are regarded as random variables distributed over the unit sphere S^{n-1} in $\mathcal{R}^n$.

- S^{n-1}上のデータ$\boldsymbol{x}$の分布は，$\boldsymbol{x}$がその真値$\bar{\boldsymbol{x}}$の周りの非常に小さい範囲に分布しているとき（通常のセンサーで測定したり，画像から計算したりする量のほとんど），S^{n-1}の$\bar{\boldsymbol{x}}$における接平面上に分布しているとみなせる．

  The distribution of $\boldsymbol{x}$ over S^{n-1} is regarded, when $\boldsymbol{x}$ is distributed only within a very small region around its true value $\bar{\boldsymbol{x}}$, which is the case for most quantities measured using ordinary sensors or computed from image data, as distributed over the tangent plane to S^{n-1} at $\bar{\boldsymbol{x}}$.

- 誤差が小さいS^{n-1}上の観測データ$\boldsymbol{x}_\alpha$, $\alpha = 1, \ldots, N$の性質は，射影行列$\boldsymbol{P}_{\bar{\boldsymbol{x}}}$によって$\bar{\boldsymbol{x}}$における接平面へ射影して評価する．

  The properties of the values $\boldsymbol{x}_\alpha$, $\alpha = 1, \ldots, N$, observed on S^{n-1} are evaluated, when their errors are small, after projected onto the tangent plane at $\bar{\boldsymbol{x}}$ using the projection matrix $\boldsymbol{P}_{\bar{\boldsymbol{x}}}$.

第6章の問題　Problems of Chapter 6

6.1. $\boldsymbol{x} = \begin{pmatrix} x_i \end{pmatrix}$と書くと，式(6.3)の共分散行列$\boldsymbol{\Sigma}$の対角要素$\Sigma_{ii}$は$x_i$の分散であり，非対角要素$\Sigma_{ij}$, $i \neq j$はx_i, x_jの共分散であることを示せ．

6.2. ベクトル$\boldsymbol{x}$から$\boldsymbol{X} = \boldsymbol{x}\boldsymbol{x}^\top$と定義される行列$\boldsymbol{X}$は半正値対称行列（固有値が正または零の対称行列）であることを示せ．そして，これは複数のベクトル$\boldsymbol{x}_1, \ldots, \boldsymbol{x}_N$に対して，$\boldsymbol{X} = \sum_{\alpha=1}^{N} \boldsymbol{x}_\alpha \boldsymbol{x}_\alpha^\top$と定義しても成り立つことを示せ．

6.3. ベクトル $\boldsymbol{x}$ に対して，$\mathrm{tr}(\boldsymbol{x}\boldsymbol{x}^\top) = \|\boldsymbol{x}\|^2$ であること，したがって複数のベクトル $\boldsymbol{x}_1, \ldots, \boldsymbol{x}_N$ に対して，$\mathrm{tr}(\sum_{\alpha=1}^N \boldsymbol{x}_\alpha \boldsymbol{x}_\alpha^\top) = \sum_{\alpha=1}^N \|\boldsymbol{x}_\alpha\|^2$ であることを示せ．

6.4. 3 次元空間において，$\boldsymbol{\Sigma}$ が対角行列のとき，式 (6.10) の表す曲面の式を具体的に示せ．

6.5. 式 (6.10) の表す楕円体は，その中心が期待値 $\bar{\boldsymbol{x}}$ にあり，共分散行列 $\boldsymbol{\Sigma}$ の各固有ベクトル $\boldsymbol{u}_i$ が対称軸となり，その方向の半径がその方向の誤差の標準偏差 σ_i に等しいことを示せ．

6.6. $\hat{\boldsymbol{x}}_\alpha = \left(\hat{x}_{i\alpha}\right)$ と書くと，式 (6.22) のサンプル共分散行列 $\boldsymbol{S}$ の対角要素 S_{ii} は $\hat{x}_{i\alpha}$ の分散であり，非対角要素 S_{ij}, $i \neq j$ は $\hat{x}_{i\alpha}, \hat{x}_{j\alpha}$ のサンプル共分散であることを示せ．

第7章

空間の当てはめ　Fitting Spaces

本章では，平面上の点列への直線当てはめや空間中の点群への直線や平面の当てはめを一般化し，n 次元空間中に与えられた点集合への部分空間やアフィン空間の当てはめを考える．部分空間は原点を始点とするベクトルの張る空間であり，「アフィン空間」とは，それを一般の位置に平行移動したものである．この当てはめは階層的に行う．すなわち，まず低次元の空間を当てはめ（初期には 0 次元空間），それとの食い違いを最も小さくするような次元が一つ増えた空間を定め，これを続ける．この原理は，信号処理やパターン認識において「カルーネン・レーベ展開」，統計学において「主成分分析」と呼ばれるものに相当している．解は，「共分散行列」とも呼ばれる行列のスペクトル分解によって得られるが，特異値分解によっても得られる．しかも，特異値分解を用いるほうが効率的である（計算量が少ない）ことを指摘する．

In this chapter, generalizing line fitting to a sequence of points in two dimensions and plane fitting to a set of points in three dimensions, we consider how to fit subspaces and affine spaces to a given set of points in n dimensions. A subspace is a space spanned by vectors starting from the origin, and an "affine space" is a translation of a subspace to a general position. The fitting is done hierarchically: we first fit a lower dimensional space, starting from a 0-dimensional space, then determine a space with an additional dimension so that the discrepancy is minimized, and continue this. This principle corresponds to what is known as "Karhunen–Loéve expansion" in signal processing and pattern recognition and as "principal component analysis" in statistics. The fitted space is computed from the spectral decomposition of a matrix called "covariance matrix" but also obtained from its singular value decomposition. We point out that the use of the singular value decomposition is more efficient with smaller computational complexity.

7.1 部分空間の当てはめ Fitting Subspaces

n 次元空間 $\mathcal{R}^n$ に N 点 $\boldsymbol{x}_1, \ldots, \boldsymbol{x}_N$ が与えられたとき，それらに最も近い r 次元部分空間を求める問題を考える．ただし，$N \geq r$ であるとする．例えば $n = 3$, $r = 1$ の場合は直線の当てはめであり，与えられた N 点に最も近い原点を通る直線を求める問題である．$n = 3$, $r = 2$ なら平面の当てはめであり，与えられた N 点に最も近い原点を通る平面を求める問題である (Fig. 7.1)．ただし，「近さ」は距離の 2 乗和によって測る．

部分空間を求めるということは，それを張る基底を求めることである．そこで，当てはめる r 次元部分空間 $\mathcal{U}$ の正規直交基底を $\boldsymbol{u}_1, \ldots, \boldsymbol{u}_r$ とする．これを $\mathcal{R}^n$ 全体の正規直交基底に拡張したものを $\{\boldsymbol{u}_1, \ldots, \boldsymbol{u}_n\}$ とすると，問題は，その最初の $\boldsymbol{u}_1, \ldots, \boldsymbol{u}_r$ の張る部分空間 $\mathcal{U}$ が与えられた N 点に近いような $\mathcal{R}^n$ の正規直交基底 $\{\boldsymbol{u}_i\}$ を求めることと言い換えられる．

各点 $\boldsymbol{x}_\alpha$ の部分空間 $\mathcal{U}$ までの距離は，$\mathcal{U}$ からの反射影 $\boldsymbol{P}_{\mathcal{U}^\perp}\boldsymbol{x}_\alpha$ の長さに等

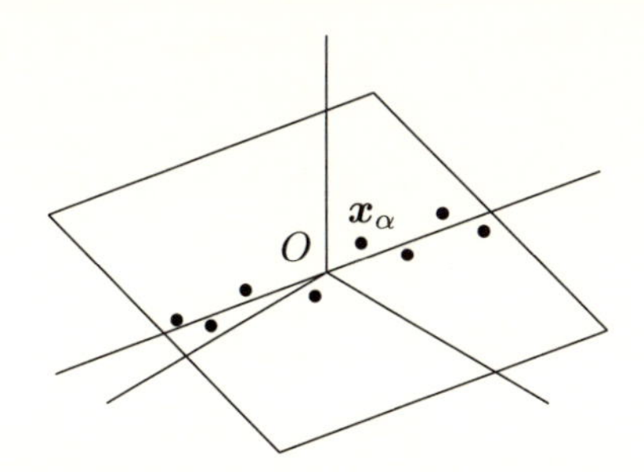

図 7.1 部分空間の当てはめ．原点 O を通る直線（1 次元部分空間）や原点 O を通る平面（2 次元部分空間）を，与えられた点集合 $\{\boldsymbol{x}_\alpha\}$, $\alpha = 1, \ldots, N$ によく当てはまるように定める．

Fig. 7.1 Fitting Subspaces. Fitting a line passing through the origin O (one-dimensional subspace) or a plane passing through the origin O (two-dimensional subspace) to a given set of points $\{\boldsymbol{x}_\alpha\}$, $\alpha = 1, \ldots, N$, so that all the points are close to the fitted space.

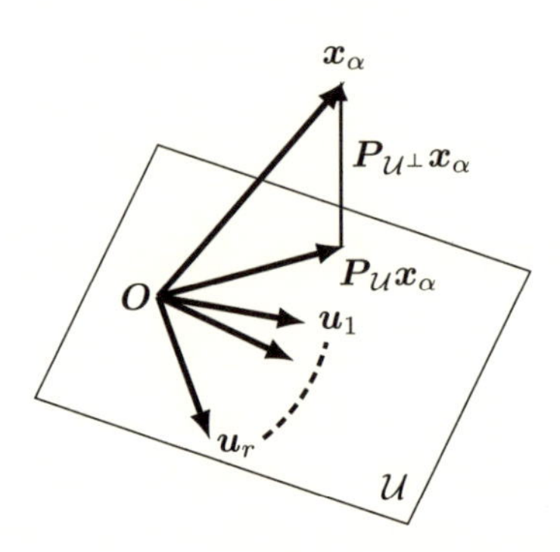

図7.2　各点 $\boldsymbol{x}_\alpha$ の部分空間 $\mathcal{U}$ までの距離は，$\mathcal{U}$ からの反射影 $\boldsymbol{P}_{\mathcal{U}^\perp}\boldsymbol{x}_\alpha$ の長さに等しい．

Fig. 7.2　The distance of each point $\boldsymbol{x}_\alpha$ to subspace $\mathcal{U}$ equals the length of the rejection $\boldsymbol{P}_{\mathcal{U}^\perp}\boldsymbol{x}_\alpha$ from $\mathcal{U}$.

しい (Fig. 7.2)．ただし，$\boldsymbol{P}_{\mathcal{U}^\perp}=\sum_{i=r+1}^{n}\boldsymbol{u}_i\boldsymbol{u}_i^\top$ は $\mathcal{U}$ の直交補空間 $\mathcal{U}^\perp$ への射影行列である（$\hookrightarrow$ 式 (1.9))．したがって，N 点 $\boldsymbol{x}_1,\ldots,\boldsymbol{x}_N$ から部分空間 $\mathcal{U}$ までの距離の 2 乗和は

$$J=\sum_{\alpha=1}^{N}\|\boldsymbol{P}_{\mathcal{U}^\perp}\boldsymbol{x}_\alpha\|^2 \tag{7.1}$$

と書ける．しかし，式 (1.12) より，これは次のように書き直せる．

$$J=\sum_{\alpha=1}^{N}(\|\boldsymbol{x}_\alpha\|^2-\|\boldsymbol{P}_{\mathcal{U}}\boldsymbol{x}_\alpha\|^2)=\sum_{\alpha=1}^{N}\|\boldsymbol{x}_\alpha\|^2-\sum_{\alpha=1}^{N}\|\boldsymbol{P}_{\mathcal{U}}\boldsymbol{x}_\alpha\|^2 \tag{7.2}$$

ゆえに，式 (7.1) の 2 乗和を最小にすることは，各点の部分空間 $\mathcal{U}$ へ射影長の 2 乗和

$$K=\sum_{\alpha=1}^{N}\|\boldsymbol{P}_{\mathcal{U}}\boldsymbol{x}_\alpha\|^2 \tag{7.3}$$

を最大にすることでもある．

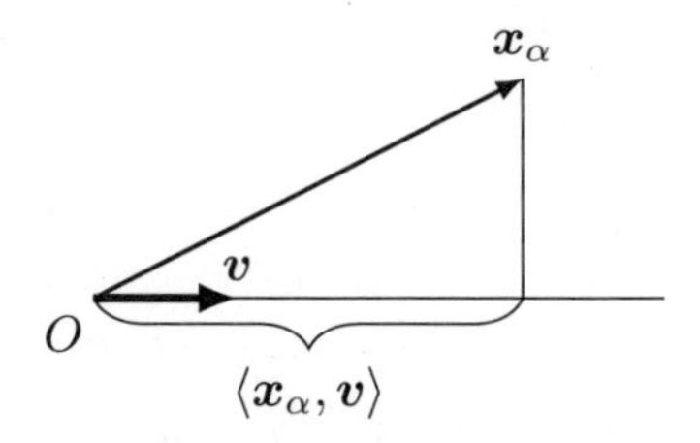

図7.3 点 $\boldsymbol{x}_\alpha$ の，単位ベクトル $\boldsymbol{v}$ を基底とする 1 次元部分空間（直線）への射影長は $\langle \boldsymbol{x}_\alpha, \boldsymbol{v} \rangle$ である．

Fig. 7.3 The projected length of point $\boldsymbol{x}_\alpha$ onto a one-dimensional subspace, i.e., line, with a unit vector $\boldsymbol{v}$ as its basis equals $\langle \boldsymbol{x}_\alpha, \boldsymbol{v} \rangle$.

7.2 階層的当てはめ Hierarchical Fitting

まず，1 次元部分空間の当てはめを考える．その基底を $\boldsymbol{v}$（単位ベクトル）とすると，各点 $\boldsymbol{x}_\alpha$ のその方向への射影長は $\langle \boldsymbol{x}_\alpha, \boldsymbol{v} \rangle$ である（$\hookrightarrow$ 式 (1.16), Fig. 7.3）．したがって，すべての点に対する 2 乗和は次のようになる．

$$
\begin{aligned}
K &= \sum_{\alpha=1}^{N} \langle \boldsymbol{x}_\alpha, \boldsymbol{v} \rangle^2 = \sum_{\alpha=1}^{N} \boldsymbol{v}^\top \boldsymbol{x}_\alpha \boldsymbol{x}_\alpha^\top \boldsymbol{v} \\
&= \langle \boldsymbol{v}, \Big(\sum_{\alpha=1}^{N} \boldsymbol{x}_\alpha \boldsymbol{x}_\alpha^\top \Big) \boldsymbol{v} \rangle = \langle \boldsymbol{v}, \boldsymbol{\Sigma} \boldsymbol{v} \rangle
\end{aligned}
\tag{7.4}
$$

ただし，$n \times n$ 行列 $\boldsymbol{\Sigma}$ を次のように置いた．

$$
\boldsymbol{\Sigma} = \sum_{\alpha=1}^{N} \boldsymbol{x}_\alpha \boldsymbol{x}_\alpha^\top \tag{7.5}
$$

これは「モーメント行列」(moment matrix),「散乱行列」(scatter matrix) など[1)]，いろいろな名前で呼ばれている．以下では，やや混乱を生じる可能性もあるが，統計解析の用語を転用して，**共分散行列** (covariance matrix) と呼ぶ．統計的に解釈すれば，これは N 個のサンプルデータ $\boldsymbol{x}_\alpha$ の原点の周り

1)「モーメント行列」も「散乱行列」も物理学から転用した用語である．

の（すなわち原点を平均とみなしたときの）サンプル共分散行列を N 倍したものに等しい（$\hookrightarrow$ 式 (6.22)）.

式 (7.4) は対称行列 $\boldsymbol{\Sigma}$ の単位ベクトル $\boldsymbol{v}$ に対する 2 次形式である．したがって，これを最大にする $\boldsymbol{v}$ は行列 $\boldsymbol{\Sigma}$ の最大固有値に対する単位固有ベクトルであり，それに対する K の値が $\boldsymbol{\Sigma}$ の最大固有値に等しい．（$\hookrightarrow$ Appendix A.10 節）．$\boldsymbol{\Sigma}$ はその形から半正値対称行列であり，その固有値はすべて非負である ($\hookrightarrow$ Problem 6.2)．その固有値を $\sigma_1^2 \geq \cdots \geq \sigma_n^2 (\geq 0)$ と書くと，$\boldsymbol{\Sigma}$ は次のスペクトル分解を持つ（$\hookrightarrow$ 式 (2.3)）.

$$\boldsymbol{\Sigma} = \sigma_1^2 \boldsymbol{u}_1 \boldsymbol{u}_1^\top + \cdots + \sigma_n^2 \boldsymbol{u}_n \boldsymbol{u}_n^\top, \qquad \sigma_1^2 \geq \cdots \geq \sigma_n^2 \geq 0 \tag{7.6}$$

以上のことより，点集合 $\{\boldsymbol{x}_\alpha\}$, $\alpha = 1, \ldots, N$ に当てはまる 1 次元部分空間 $\mathcal{U}_1$ の基底は $\boldsymbol{v} = \boldsymbol{u}_1$ であり，それに対する射影長の 2 乗和は σ_1^2 に等しい.

得られた方向 $\boldsymbol{u}_1$ は，N 点 $\{\boldsymbol{x}_\alpha\}$ の分布の最も広がりの大きい方向を表している (Fig. 7.4)．もし $\{\boldsymbol{x}_\alpha\}$ が直線的に広がっているなら，これは $\boldsymbol{u}_1$ 方向の直線でよく近似できるが，それ以外の方向にも広がっていれば，この近似では不十分である．そこで，$\boldsymbol{u}_1$ に直交する方向 $\boldsymbol{v}$ で，それへの射影長の 2 乗和が最大になる方向を考える．$\boldsymbol{v}$ 方向への射影長の 2 乗和はやはり式 (7.4) で与えられる．これを，条件 $\langle \boldsymbol{v}, \boldsymbol{u}_1 \rangle = 0$ のもとで最大にする単位ベクトル $\boldsymbol{v}$ は，$\boldsymbol{\Sigma}$ が式 (7.6) のスペクトル分解を持つとき，$\boldsymbol{u}_2$ で与えられ，それに対する K の値が σ_2^2 に等しい（$\hookrightarrow$ Appendix A.10 節）．そして，$\boldsymbol{u}_2$ が N 点 $\{\boldsymbol{x}_\alpha\}$ の分布の 2 番目に大きい広がりの方向を表している.

以上より，$\{\boldsymbol{x}_\alpha\}$ によく当てはまる 2 次元部分空間 $\mathcal{U}_2$ の基底は $\boldsymbol{u}_1, \boldsymbol{u}_2$ である．$\boldsymbol{u}_1, \boldsymbol{u}_2$ が互いに直交するから，$\mathcal{U}$ への射影長の 2 乗和 K は，$\boldsymbol{u}_1$, $\boldsymbol{u}_2$ のそれぞれの方向に対する値の和 $K = \sigma_1^2 + \sigma_2^2$ となる.

同じように考えると，3 番目に広がりの大きい方向は，式 (7.6) の $\boldsymbol{u}_3$ であり，$\boldsymbol{u}_1, \boldsymbol{u}_2, \boldsymbol{u}_3$ が $\{\boldsymbol{x}_\alpha\}$ によく当てはまる 3 次元部分空間 $\mathcal{U}_3$ の基底となる．そして，射影長の 2 乗和は $K = \sigma_1^2 + \sigma_2^2 + \sigma_3^2$ となる．以下，同様に，$\{\boldsymbol{x}_\alpha\}$ によく当てはまる r 次元部分空間 $\mathcal{U}_r$ の基底は $\boldsymbol{u}_1, \ldots, \boldsymbol{u}_r$ であり，射影長の 2 乗和は $K = \sigma_1^2 + \cdots + \sigma_r^2$ となる.

式 (7.2), (7.3) より，$J = \sum_{\alpha=1}^N \|\boldsymbol{x}_\alpha\|^2 - K$ である．式 (7.5) より，$\mathrm{tr}\boldsymbol{\Sigma} = \sum_{\alpha=1}^N \|\boldsymbol{x}_\alpha\|^2$ であるが ($\hookrightarrow$ Problem 6.3)，式 (7.6) より，

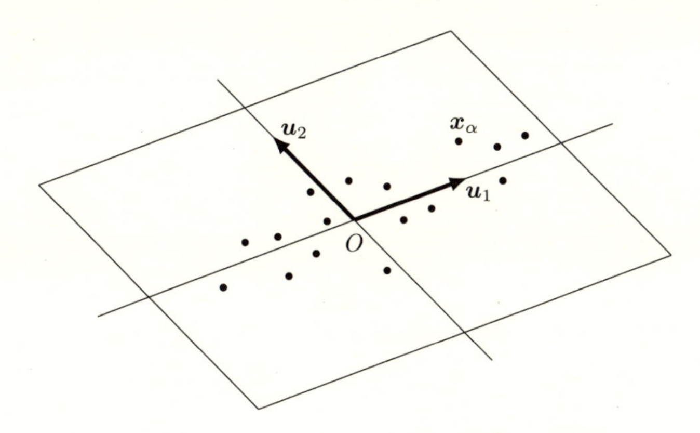

図 7.4 $\boldsymbol{u}_1$ は，N 点 $\{\boldsymbol{x}_\alpha\}$, $\alpha = 1, \ldots, N$ の分布の最も広がりの大きい方向を表す．$\boldsymbol{u}_1$ に直交する方向で，それへの射影長の 2 乗和が最大になる方向 $\boldsymbol{u}_2$ が，$\{\boldsymbol{x}_\alpha\}$ の分布の 2 番目に大きい広がりの方向を表す．

Fig. 7.4 The vector $\boldsymbol{u}_1$ indicates the direction in which the spread of the N points $\{\boldsymbol{x}_\alpha\}$, $\alpha = 1, \ldots, N$, is the largest. The vector $\boldsymbol{u}_2$, for which among the directions orthogonal to $\boldsymbol{u}_1$ the square sum of the projected length onto it is the largest, indicates the direction in which the spread of $\{\boldsymbol{x}_\alpha\}$ is the second largest.

$$\mathrm{tr}\boldsymbol{\Sigma} = \sigma_1^2 + \cdots + \sigma_n^2 \tag{7.7}$$

である (↪ Problem 7.1)．ゆえに $\mathcal{U}_r$ への距離の 2 乗和は

$$J = \sigma_{r+1}^2 + \cdots + \sigma_n^2 \tag{7.8}$$

である．これを**残差** (residual)，または**残差平方和** (residual sum of squares) と呼ぶ．$\sigma_1^2 \geq \cdots \geq \sigma_n^2$ であるから，当てはめの次元 r を増やすほど式 (7.8) の残差が小さくなる．

7.3 特異値分解による当てはめ Fitting by Singular Value Decomposition

前節の結果より，N 点 $\{\boldsymbol{x}_\alpha\}$, $\alpha = 1, \ldots, N$ によく当てはまる r 次元部分空間 $\mathcal{U}_r$ を計算するには，まず式 (7.5) の共分散行列 $\boldsymbol{\Sigma}$ を計算し，式 (7.6) の

スペクトル分解を計算すればよいことがわかった．

一方，ベクトル $\boldsymbol{x}_\alpha$, $\alpha = 1,\ldots,N$ を並べた $n \times N$ 行列を

$$\boldsymbol{X} = \begin{pmatrix} \boldsymbol{x}_1 & \cdots & \boldsymbol{x}_N \end{pmatrix} \tag{7.9}$$

と置くと，式 (7.5) の共分散行列 $\boldsymbol{\Sigma}$ は

$$\boldsymbol{\Sigma} = \boldsymbol{X}\boldsymbol{X}^\top \tag{7.10}$$

と書ける．このとき，$N \geq n$ と仮定しているから，行列 $\boldsymbol{X}$ の特異値分解は

$$\boldsymbol{X} = \sigma_1 \boldsymbol{u}_1 \boldsymbol{v}_1^\top + \cdots + \sigma_n \boldsymbol{u}_n \boldsymbol{v}_n^\top, \qquad \sigma_1 \geq \cdots \geq \sigma_n \geq 0 \tag{7.11}$$

の形である．なぜなら，$\boldsymbol{\Sigma} = \boldsymbol{X}\boldsymbol{X}^\top$ の固有値は $\boldsymbol{X}$ の特異値の 2 乗に等しいからである（$\hookrightarrow$ 式 (3.2)）．そして，特異ベクトル $\boldsymbol{u}_i, \boldsymbol{v}_i$ はそれぞれ $\boldsymbol{X}\boldsymbol{X}^\top$, $\boldsymbol{X}^\top\boldsymbol{X}$ の固有ベクトルでもある．ゆえに，N 点 $\{\boldsymbol{x}_\alpha\}$, $\alpha = 1,\ldots,N$ に r 次元部分空間 $\mathcal{U}_r$ を当てはめるには，N 点を並べた式 (7.9) の行列 $\boldsymbol{X}$ の特異値分解を式 (7.11) のように計算してもよい．その左特異ベクトル $\boldsymbol{u}_1,\ldots,\boldsymbol{u}_r$ が $\mathcal{U}_r$ の基底となり，残差が $J = \sum_{i=r+1}^{n} \sigma_i^2$ で与えられる．

このように，スペクトル分解でも特異値分解でも同じ結果が得られるが，実際の応用では特異値分解を用いるのがよい．それは計算の効率のためである．行列やベクトルの計算は積の和の計算（積和計算）からなる．n 項の積和計算は n 回の乗算と $n-1$ 回の加減算からなるが，-1 を無視して，乗算と加減算の回数はほぼ等しいとみなせる．したがって，計算量の解析には乗算の回数のみを評価すれば十分である．スペクトル分解を行うには，まず，式 (7.10) によって共分散行列 $\boldsymbol{\Sigma}$ を計算する．これに n^2N 回の乗算が必要である（式 (7.5) で計算しても同じである）．$n \times n$ 行列のスペクトル分解（固有値，固有ベクトルの計算）の計算量は，アルゴリズムによって多少異なるが，ほぼ n^3 である．ゆえに，$\boldsymbol{\Sigma}$ の計算とそのスペクトル分解の計算量はほぼ $n^2N + n^3$ である．一方，$n \times N$ 行列の特異値分解の計算量は $n \leq N$ ならほぼ n^2N であり，$N \leq n$ ならほぼ nN^2 である．ゆえに，$N \ll n$ なら特異値分解のほうが圧倒的に効率的である．$n \leq N$ でも共分散行列の固有値，固有ベクトルの計算に相当する計算量が節約できる．

このような節約は過小評価しがちであるが，パターン情報処理では大量のデータを用いる．しかも，精度を向上させるために通常は反復を繰り返す．例えば，複数画像から抽出した点データが数十万個になることも普通である．そのような場合に，スペクトル分解による計算を特異値分解に置き換えるだけで，数時間かかる処理が数秒になることもしばしばある．

7.4 アフィン空間の当てはめ　Fitting Affine Spaces

部分空間の当てはめは，点列への原点を通る直線や原点を通る平面の当てはめの一般化である．しかし，実際の応用では，原点を通らない直線や，原点を通らない平面を当てはめる必要も生じる．これを一般化するのがアフィン空間の当てはめである．**アフィン空間** (affine space) とは部分空間を平行移動したものである．$\mathcal{R}^n$ の r 次元アフィン空間 $\mathcal{A}_r$ は，n 次元空間 $\mathcal{R}^n$ 中の 1 点 $\boldsymbol{g}$ と，そこを始点とする r 本の線形独立なベクトル $\boldsymbol{u}_1, \ldots,$ $\boldsymbol{u}_r$ によって指定され，任意の $c_1, \ldots, c_r$ によって

$$\boldsymbol{x} = \boldsymbol{g} + c_1\boldsymbol{u}_1 + \cdots + c_r\boldsymbol{u}_r \tag{7.12}$$

と表される点全体である (Fig. 7.5)．基底 $\{\boldsymbol{u}_i\}$, $i = 1, \ldots, r$ は一般性を失わ

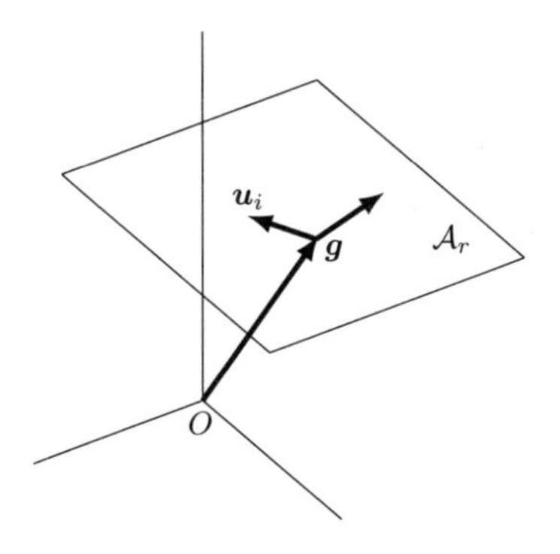

図 7.5　r 次元アフィン空間 $\mathcal{A}_r$ は，$\mathcal{R}^n$ の 1 点 $\boldsymbol{g}$ を始点とする r 本の線形独立なベクトル $\{\boldsymbol{u}_i\}$, $i = 1, \ldots, r$ の張る空間である．

Fig. 7.5　An r-dimensional affine space $\mathcal{A}_r$ is the space spanned by r linearly independent vectors $\{\boldsymbol{u}_i\}$, $i = 1, \ldots, r$, starting from a point $\boldsymbol{g}$ in $\mathcal{R}^n$.

ず正規直交系にとることができる．r 次元アフィン空間を指定するには，n 次元空間 $\mathcal{R}^n$ にそれが通る $r+1$ 点を指定してもよい．ただし，どの1点を原点 O とみなしても，残りの r 点が r 次元部分空間を張るようにとるとする．そのような $r+1$ 点は，**一般の位置** (general position) にあるという ($\hookrightarrow$ Problem 7.2).

空間 $\mathcal{R}^n$ に N 点 $\{\boldsymbol{x}_\alpha\}$, $\alpha=1,\ldots,N$ が与えられたとき，これを近似する r 次元アフィン空間 $\mathcal{A}_r$ を当てはめる問題を考える．ただし，$N \geq r+1$ とする．$\mathcal{A}_r$ を定めるには，それが通る点 $\boldsymbol{g}$ と，そこを始点とする正規直交基底 $\{\boldsymbol{u}_i\}$ を指定すればよい．

まず，点 $\boldsymbol{g}$ を指定する．これは N 点 $\{\boldsymbol{x}_\alpha\}$ への0次元アフィン空間（＝1点）の当てはめとみなせるので，距離の2乗和 $\sum_{\alpha=1}^N \|\boldsymbol{x}_\alpha - \boldsymbol{g}\|^2$ を最小にする点 $\boldsymbol{g}$ を選ぶ．そのような点は N 点 $\{\boldsymbol{x}_\alpha\}$ の重心

$$\boldsymbol{g} = \frac{1}{N}\sum_{\alpha=1}^{N} \boldsymbol{x}_\alpha \tag{7.13}$$

に一致する ($\hookrightarrow$ Problem 7.3)．$\boldsymbol{g}$ が定まれば，以下，前節までの議論により，点 $\boldsymbol{g}$ を原点とみなして，ベクトル $\{\boldsymbol{x}_\alpha - \boldsymbol{g}\}$, $\alpha=1,\ldots,N$ に r 次元部分空間を当てはめればよい．すなわち，$\boldsymbol{g}$ の周りの共分散行列

$$\boldsymbol{\Sigma} = \sum_{\alpha=1}^{N} (\boldsymbol{x}_\alpha - \boldsymbol{g})(\boldsymbol{x}_\alpha - \boldsymbol{g})^\top \tag{7.14}$$

を計算し ($\hookrightarrow$ Problem 7.4)，そのスペクトル分解を式 (7.6) のように書くと，$\boldsymbol{u}_1,\ldots,\boldsymbol{u}_r$ が（$\boldsymbol{g}$ の周りに）アフィン空間 $\mathcal{A}_r$ を張る．そして，残差（各点 $\boldsymbol{x}_\alpha$ から $\mathcal{A}_r$ までの距離の2乗和）が $K = \sigma_{r+1}^2 + \cdots + \sigma_n^2$ となる．しかし，前節で指摘したように，実際の計算では**共分散行列を計算せずに**，データを並べた行列

$$\boldsymbol{X} = \begin{pmatrix} \boldsymbol{x}_1 - \boldsymbol{g} & \cdots & \boldsymbol{x}_N - \boldsymbol{g} \end{pmatrix} \tag{7.15}$$

を式 (7.11) のように特異値分解して $\boldsymbol{u}_1,\ldots,\boldsymbol{u}_r$ を求めるほうが効率的である．

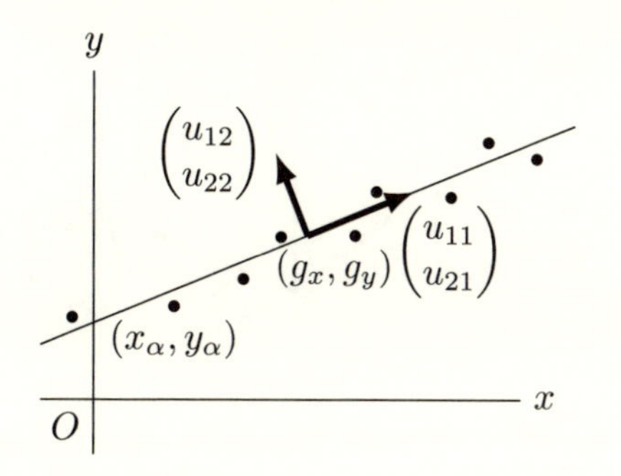

図 7.6　直線の当てはめ．N 点 $\{(x_\alpha, y_\alpha)\}$, $\alpha = 1, \ldots, N$ に直線を当てはめる．

Fig. 7.6　Line fitting. Fitting a line to N points $\{(x_\alpha, y_\alpha)\}$, $\alpha = 1, \ldots, N$.

例　平面上の直線当てはめ　Line fitting in the plane

平面上に与えられた N 点 $(x_1, y_1), \ldots, (x_N, y_N)$ に直線を当てはめる問題を考える．まず，重心 $(g_x, g_y) = \sum_{\alpha=1}^{N}(x_\alpha, y_\alpha)/N$ を計算し，

$$\boldsymbol{X} = \begin{pmatrix} x_1 - g_x & \cdots & x_N - g_x \\ y_1 - g_y & \cdots & y_N - g_y \end{pmatrix} \tag{7.16}$$

と置くと，その特異値分解は

$$\boldsymbol{X} = \sigma_1 \begin{pmatrix} u_{11} \\ u_{21} \end{pmatrix} \begin{pmatrix} v_{11} & \cdots & v_{N1} \end{pmatrix} + \sigma_2 \begin{pmatrix} u_{12} \\ u_{22} \end{pmatrix} \begin{pmatrix} v_{12} & \cdots & v_{N2} \end{pmatrix} \tag{7.17}$$

の形をしている．これは，当てはめた直線が (g_x, g_y) を通り，方向 $(u_{11}, u_{21})^\top$ に伸びることを示している (Fig. 7.6)．そして，$(u_{12}, u_{22})^\top$ がそれに直交するから単位法線ベクトルである．当てはめた直線の方程式は

$$u_{12}(x - g_x) + u_{22}(y - g_y) = 0 \tag{7.18}$$

と書ける．

例　空間の平面当てはめ　Plane fitting in the space

空間中に与えられた N 点 $(x_1, y_1, z_1), \ldots, (x_N, y_N, z_N)$ に平面を当てはめ

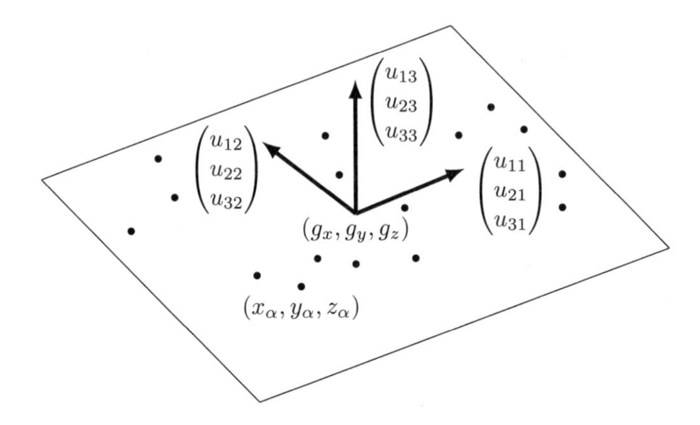

図7.7　平面の当てはめ．N 点 $(x_\alpha, y_\alpha, z_\alpha)$, $\alpha = 1, \ldots, N$ に平面を当てはめる．

Fig. 7.7　Plane fitting. Fitting a plane to N points $\{(x_\alpha, y_\alpha, z_\alpha)\}$, $\alpha = 1, \ldots, N$.

る問題を考える．まず，重心 $(g_x, g_y, g_z) = \sum_{\alpha=1}^{N}(x_\alpha, y_\alpha, z_\alpha)/N$ を計算し，

$$\boldsymbol{X} = \begin{pmatrix} x_1 - g_x & \cdots & x_N - g_x \\ y_1 - g_y & \cdots & y_N - g_y \\ z_1 - g_z & \cdots & z_N - g_z \end{pmatrix} \tag{7.19}$$

と置くと，その特異値分解は

$$\boldsymbol{X} = \sigma_1 \begin{pmatrix} u_{11} \\ u_{21} \\ u_{31} \end{pmatrix} \begin{pmatrix} v_{11} & \cdots & v_{N1} \end{pmatrix} + \sigma_2 \begin{pmatrix} u_{12} \\ u_{22} \\ u_{32} \end{pmatrix} \begin{pmatrix} v_{12} & \cdots & v_{N2} \end{pmatrix}$$
$$+ \sigma_3 \begin{pmatrix} u_{13} \\ u_{23} \\ u_{33} \end{pmatrix} \begin{pmatrix} v_{13} & \cdots & v_{N3} \end{pmatrix} \tag{7.20}$$

の形をしている．これは，当てはめた平面が (g_x, g_y, g_z) を通り，方向 $(u_{11}, u_{21}, u_{31})^\top, (u_{12}, u_{22}, u_{32})^\top$ によって張られることを示している (Fig. 7.7)．そして，$(u_{13}, u_{23}, u_{33})^\top$ がそれらに直交するから単位法線ベクトルである．当てはめた平面の方程式は

$$u_{13}(x-g_x)+u_{23}(y-g_y)+u_{33}(x-g_z)=0 \tag{7.21}$$

と書ける．

式(7.14)の共分散行列をスペクトル分解して，データ点$\{\boldsymbol{x}_\alpha\}$に階層的に$r$次元アフィン空間$\mathcal{A}_r$を当てはめる問題（数学的には部分空間の当てはめと同じ）は，工学のさまざまな問題で用いられ，それぞれ異なった名前で呼ばれている．信号処理やパターン認識の分野では，これを**カルーネン・レーベ展開** (Karhunen–Loéve expansion)（あるいは略して**KL 展開** (KL-expansion)）と呼び，信号やパターンを，残差Jが許容できる程度の少ない基底で表して，伝送や表示を効率化するデータ圧縮，画像圧縮に応用されている．統計学の分野では，これは**主成分分析** (principal component analysis) と呼ばれ，観測した多数の多次元統計データの傾向を把握したり，データの特性をよく表現する少数の統計量を抽出して，予測や検定などを行うのに用いられている．コンピュータビジョンの分野では，カメラ画像や，それから復元した3次元構造を直線や平面を用いて記述するのに用いられるほか，動画像解析のいろいろな問題が，数学的には高次元空間での部分空間やアフィン空間の当てはめに帰着される．

用語とまとめ　Glossary and Summary

共分散行列　covariance matrix：データ$\boldsymbol{x}_\alpha$, $\alpha=1,\ldots,N$に対して，$\boldsymbol{\Sigma}=\sum_{\alpha=1}^{N}\boldsymbol{x}_\alpha\boldsymbol{x}_\alpha^\top$で定義される行列（統計学から転用した用語）．「モーメント行列」，「散乱行列」とも呼ばれる（物理学からの転用）．

The matrix defined by $\boldsymbol{\Sigma}=\sum_{\alpha=1}^{N}\boldsymbol{x}_\alpha\boldsymbol{x}_\alpha^\top$ for data $\boldsymbol{x}_\alpha$, $\alpha=1,\ldots,N$; it is a terminology borrowed from statistics. Also called the "moment matrix" or the "scatter matrix," terminologies, borrowed from physics.

残差　residual：各点$\boldsymbol{x}_\alpha$, $\alpha=1,\ldots,N$と当てはめた空間（部分空間，またはアフィン空間）までの距離の2乗の和．「残差平方和」とも言う．当てはめのよさの指標となる（小さいほど当てはまりがよい）．

The sum of square distances of the data points $\boldsymbol{x}_\alpha$, $\alpha=1,\ldots,N$ from the fitted space (subspace or affine space). Also called the "residual sum of squares." It serves as a measure of goodness of fit (the smaller, the better).

アフィン空間　affine space：部分空間の平行移動．すなわち，$\mathcal{R}^n$ の一点を始点とする，r $(\leq n)$ 本の線形独立なベクトルの張る空間．直線や平面の一般化．

Translation of a subspace. Namely, a space spanned by r $(\leq n)$ linearly independent vectors starting from a point in $\mathcal{R}^n$. It is a generalization of lines and planes.

一般の位置　genreral position：$\mathcal{R}^n$ の $r+1$ $(\leq n+1)$ 点が，どの点を原点 O とみなしても，残りの r 点が r 次元部分空間を張るような点の配置．

A configuration of $r + 1$ $(\leq n + 1)$ points in $\mathcal{R}^n$ such that if one is regarded as the origin O, the remaining r span an r-dimensional subspace.

カルーネン・レーベ展開　Karhunen–Loéve expansion：信号処理やパターン認識において，信号やパターンの集合からそれを特徴づける直交基底を構成し，各信号やパターンをそれに関して展開すること．「KL 展開」と略される．寄与の少ない基底を省いて，伝送や表示を効率化するデータ圧縮や画像圧縮に応用される．数学的にはアフィン空間の当てはめに帰着される．

Constructing an orthogonal basis from a set of signals or patterns for signal processing and pattern recognition and expanding individual signals or patterns with respect to the constructed basis. It is abbreviated to "KL expansion." This is applied to data and image compression for improving the efficiency of transmission and display by omitting those basis vectors which have small contributions. Mathematically, the principle is reduced to fitting affine spaces.

主成分分析　principal component analysis：統計学において，多数の多次

元統計データから，それを特徴づける直交する軸（主軸）を構成すること．統計データの全体の傾向を把握したり，データの特性をよく表現する少数の統計量を抽出して，予測や検定などを行う．数学的にはアフィン空間の当てはめに帰着される．

Constructing mutually orthogonal axes, or principal axes, that characterize a large number of multi-dimensional statistical data in statistics. The obtained axes are used for understanding the general tendency of the statistical data, extracting a small number of statistics that characterize the data well, and doing prediction and testing. Mathematically, the principle is reduced to fitting affine spaces.

- 残差を最小にする部分空間を当てはめることは，射影長の2乗和を最大にすることと等価である．

  Fitting a subspace that minimizes the residual is equivalent to maximizing the sum of the square projected lengths.

- 最適に当てはめた r 次元部分空間は，データ点の共分散行列 $\mathbf{\Sigma}$ のスペクトル分解 $\mathbf{\Sigma} = \sum_{i=1}^{n} \sigma_i^2 \boldsymbol{u}_i \boldsymbol{u}_i^\top$ の小さい r 個の固有値 σ_i^2, $i = 1, \ldots,$ r に対する固有ベクトル $\boldsymbol{u}_i$, $i = 1, \ldots, r$ の張る空間である．

  An r-dimensional subspace that best fits the data points is the space spanned by the eigenvectors $\boldsymbol{u}_i$, $i = 1, \ldots, r$, of the spectral decomposition $\mathbf{\Sigma} = \sum_{i=1}^{n} \sigma_i^2 \boldsymbol{u}_i \boldsymbol{u}_i^\top$ of the covariance matrix $\mathbf{\Sigma}$ for the smallest r eigenvalues σ_i^2, $i = 1, \ldots, r$.

- 最適に当てはめた r 次元部分空間は，データ点を並べた行列 $\boldsymbol{X}$ の特異値分解 $\boldsymbol{X} = \sum_{i=1}^{n} \sigma_i \boldsymbol{u}_i \boldsymbol{v}_i^\top$ の小さい r 個の特異値 σ_i, $i = 1, \ldots, r$ に対する特異ベクトル $\boldsymbol{u}_i$, $i = 1, \ldots, r$ の張る空間である．

  An r-dimensional subspace that best fits the data points is the space spanned by the singular vectors $\boldsymbol{u}_i$, $i = 1, \ldots, r$, of the singular value decomposition $\boldsymbol{X} = \sum_{i=1}^{n} \sigma_i^2 \boldsymbol{u}_i \boldsymbol{v}_i^\top$ of the matrix $\boldsymbol{X}$ consisting of the data as its columns for the smallest r singular values σ_i, $i = 1, \ldots, r$.

- 部分空間の当てはめの計算は，特異値分解を用いるほうが，スペクトル分解を用いるより効率的である.

  For fitting a subspace, the use of the singular value decomposition is computationally more efficient than the use of the spectral decomposition.

- アフィン空間を当てはめるには，データ点集合の重心を計算し，それを原点とみなして部分空間を当てはめればよい.

  For fitting an affine space, we first compute the centroid of the data point set and fit a subspace by regarding it as the origin.

- 部分空間やアフィン空間の当てはめに特異値分解を用いれば，共分散行列を計算する必要がなく，計算も効率化される.

  Using the singular value decomposition for fitting a subspace or an affine space, we can improve the computational efficiency; we need not compute the covariance matrix.

第7章の問題　Problems of Chapter 7

7.1. $n \times n$ 対称行列 $\boldsymbol{A}$ の固有値を $\lambda_1, \ldots, \lambda_n$ とするとき，

$$\mathrm{tr}\boldsymbol{A} = \sum_{i=1}^{n} \lambda_i \tag{7.22}$$

であることを示せ.

7.2. $\mathcal{R}^n$ の $n+1$ 点 $\boldsymbol{x}_0, \boldsymbol{x}_1, \ldots, \boldsymbol{x}_n$ が一般の位置にある条件は次のように書けることを示せ.

$$\begin{vmatrix} \boldsymbol{x}_0 & \boldsymbol{x}_1 & \cdots & \boldsymbol{x}_n \\ 1 & 1 & \cdots & 1 \end{vmatrix} \neq 0 \tag{7.23}$$

左辺は $(n+1)\times(n+1)$ 行列の行列式である[2]．

7.3. N 点 $\{\boldsymbol{x}_\alpha\}$, $\alpha=1,\ldots,N$ に対して，距離の2乗和 $\sum_{\alpha=1}^{N}\|\boldsymbol{x}_\alpha-\boldsymbol{g}\|^2$ を最小にする $\boldsymbol{g}$ は，式(7.13)の重心 $\boldsymbol{g}$ であることを示せ．

7.4. 式(7.14)の共分散行列 $\boldsymbol{\Sigma}$ は次のようにも書けることを示せ．

$$\boldsymbol{\Sigma}=\sum_{\alpha=1}^{N}\boldsymbol{x}_\alpha\boldsymbol{x}_\alpha^\top-N\boldsymbol{g}\boldsymbol{g}^\top \tag{7.24}$$

[2] 第 i 列の $n+1$ 次元ベクトル $\begin{pmatrix}\boldsymbol{x}_i\\1\end{pmatrix}$ は，$\boldsymbol{x}_i$ を「同次座標」(homogeneous coordinate) で表したものである（$\hookrightarrow$ 式(6.17)）．

第8章

行列の因子分解　Matrix Factorization

本章では与えられた行列 $\boldsymbol{A}$ を二つの行列 $\boldsymbol{A}_1, \boldsymbol{A}_2$ の積として，$\boldsymbol{A} = \boldsymbol{A}_1\boldsymbol{A}_2$ と表す行列の「因子分解」を考え，関連する行列のランクと特異値分解の役割を考察する．そして，この問題が現れる例として，多数のカメラで撮影した3次元シーンの構造を画像から復元する「因子分解法」という手法を紹介する．

In this chapter, we consider the problem of “factorization” for expressing a given matrix $\boldsymbol{A}$ as the product $\boldsymbol{A} = \boldsymbol{A}_1\boldsymbol{A}_2$ of two matrices $\boldsymbol{A}_1$ and $\boldsymbol{A}_2$ and discuss its relations with the matrix rank and the singular value decomposition. As a typical application in which this problem arises, we introduce a technique, called the “factorization method,” for reconstructing the three-dimensional structure of the scene from images captured by multiple cameras.

8.1　行列の因子分解　Matrix Factorization

$m \times n$ 行列 $\boldsymbol{A}$ を二つの行列 $\boldsymbol{A}_1, \boldsymbol{A}_2$ の積として，

$$\boldsymbol{A} = \boldsymbol{A}_1\boldsymbol{A}_2 \tag{8.1}$$

と表したいとする．ただし，$\boldsymbol{A}_1, \boldsymbol{A}_2$ はそれぞれ $m \times r$, $r \times n$ 行列であり，$r \leq m, n$ とする．この問題を，行列の**因子分解** (factorization) と呼ぶ．工学においてこのような問題が現れるときは，$\boldsymbol{A}_1, \boldsymbol{A}_2$ のそれぞれに満たすべき何らかの性質が要求されるのが普通である．

式 (8.1) の形の分解は一意的ではない．明らかに，そのような行列 $\boldsymbol{A}_1$,

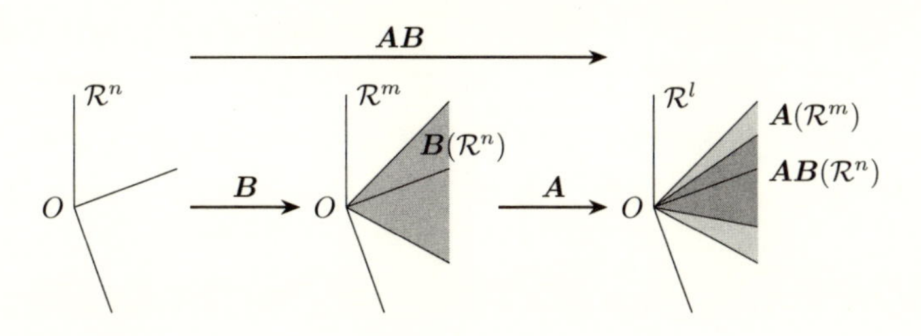

図8.1 線形写像の合成．$\mathcal{R}^n$ の積 $\boldsymbol{AB}$ による像 $\boldsymbol{AB}(\mathcal{R}^n)$ は，$\mathcal{R}^n$ の $\boldsymbol{B}$ による像 $\boldsymbol{B}(\mathcal{R}^n)$ を $\boldsymbol{A}$ によって写像した像に等しい．

Fig. 8.1 Composition of linear mappings. The image $\boldsymbol{AB}(\mathcal{R}^n)$ of $\mathcal{R}^n$ by the product mapping $\boldsymbol{AB}$ equals the mapping of $\mathcal{R}^n$ by $\boldsymbol{B}$ followed by the mapping $\boldsymbol{A}$.

$\boldsymbol{A}_2$ が得られるなら，任意の $r \times r$ 正則行列 $\boldsymbol{C}$ に対して，

$$\boldsymbol{A}_1' = \boldsymbol{A}_1\boldsymbol{C}^{-1}, \qquad \boldsymbol{A}_2' = \boldsymbol{C}\boldsymbol{A}_2 \tag{8.2}$$

としても，$\boldsymbol{A}_1\boldsymbol{A}_2 = \boldsymbol{A}_1'\boldsymbol{A}_2'$ となるからである．実際の問題では，まず式 (8.1) を満たす候補解 $\boldsymbol{A}_1, \boldsymbol{A}_2$ を定めてから，式 (8.2) の $\boldsymbol{A}_1', \boldsymbol{A}_2'$ が要求される性質を満たすように正則行列 $\boldsymbol{C}$ を定める．

行列の行や列の間に特別の従属関係がなければ，一般に行列のランクは行や列の数（少ない方）に一致する．そこで，$\boldsymbol{A}_1, \boldsymbol{A}_2$ のランクはともに r であるとする．行列の積のランクはそれぞれの行列のランクを超えない．すなわち，積が定義される任意の行列 $\boldsymbol{A}, \boldsymbol{B}$ に対して，次の関係が成り立つ．

$$\mathrm{rank}(\boldsymbol{AB}) \leq \min(\mathrm{rank}(\boldsymbol{A}), \mathrm{rank}(\boldsymbol{B})) \tag{8.3}$$

このことは，次のように示せる (Fig. 8.1)．$\boldsymbol{A}, \boldsymbol{B}$ をそれぞれ $l \times m$, $m \times n$ 行列とする．$l \times m$ 行列 $\boldsymbol{A}$ は $\mathcal{R}^m$ から $\mathcal{R}^l$ への線形写像を定義する．$\mathcal{R}^m$ の $\boldsymbol{A}$ による像（= $\mathcal{R}^m$ の基底を $\boldsymbol{A}$ で写像したベクトルの張る部分空間）を $\boldsymbol{A}(\mathcal{R}^m)$ と書くと，その次元（= $\boldsymbol{A}$ の線形独立な列の数）が $\mathrm{rank}(\boldsymbol{A})$ である．同様に，$m \times n$ 行列 $\boldsymbol{B}$ は $\mathcal{R}^n$ から $\mathcal{R}^m$ への線形写像を定義し，$\boldsymbol{B}(\mathcal{R}^n)$ の次元が $\mathrm{rank}(\boldsymbol{B})$ である．一方，$(\boldsymbol{AB})(\mathcal{R}^n)$ は $\mathcal{R}^n$ を $\boldsymbol{B}$ によって写像し，それを $\boldsymbol{A}$ によって写像したものであるから，$\boldsymbol{A}(\mathcal{R}^m)$ の部分集合である．ゆえに $(\boldsymbol{AB})(\mathcal{R}^n)$ の次元 (= $\mathrm{rank}(\boldsymbol{AB})$) は $\boldsymbol{A}(\mathcal{R}^m)$ の次元

$(= \mathrm{rank}(\boldsymbol{A}))$ を超えない．したがって，$\mathrm{rank}(\boldsymbol{AB}) \leq \mathrm{rank}(\boldsymbol{A})$ である．同様に考えると，$\mathrm{rank}(\boldsymbol{B}^\top \boldsymbol{A}^\top) \leq \mathrm{rank}(\boldsymbol{B}^\top)$ である．しかし，行列の線形独立な列の個数と線形独立な行の個数は等しいから $\mathrm{rank}(\boldsymbol{B}^\top) = \mathrm{rank}(\boldsymbol{B})$, $\mathrm{rank}(\boldsymbol{B}^\top \boldsymbol{A}^\top) = \mathrm{rank}(\boldsymbol{AB})$ である．ゆえに，$\mathrm{rank}(\boldsymbol{AB}) \leq \mathrm{rank}(\boldsymbol{B})$ でもある．

このことから，$m \times n$ 行列 $\boldsymbol{A}$ が式 (8.1) のように分解できるためには，$\boldsymbol{A}$ のランクが r 以下でなければならない．しかし，$\boldsymbol{A}$ が何らかの測定値から得られていれば，一般にランクは m または n（少ない方）に一致し，$r < \min(m, n)$ なら式 (8.1) の分解は不可能である．その場合は，近似的に式 (8.1) の分解が成り立つ $\boldsymbol{A}_1, \boldsymbol{A}_2$ を求める ($\hookrightarrow$ Problem 8.1)．そのために，$\boldsymbol{A}$ をなるべく変化させずに，4.4 節で述べたように，$\boldsymbol{A}$ を式 (4.16) のようにランクを r に拘束した $(\boldsymbol{A})_r$ で置き換える（$\hookrightarrow$ 第4章の脚注 3)．

こうすると，$(\boldsymbol{A})_r = \boldsymbol{A}_1\boldsymbol{A}_2$ であるような $\boldsymbol{A}_1, \boldsymbol{A}_2$ が定まる．この分解は一意的ではないが，簡単に定まる候補解は $(\boldsymbol{A})_r$ の特異値分解を式 (3.10) のように

$$(\boldsymbol{A})_r = \boldsymbol{U}\boldsymbol{\Sigma}\boldsymbol{V}^\top,$$

$$\boldsymbol{U} = \begin{pmatrix} \boldsymbol{u}_1 & \cdots & \boldsymbol{u}_r \end{pmatrix}, \qquad \boldsymbol{\Sigma} = \begin{pmatrix} \sigma_1 & & \\ & \ddots & \\ & & \sigma_r \end{pmatrix}, \qquad \boldsymbol{V} = \begin{pmatrix} \boldsymbol{v}_1 & \cdots & \boldsymbol{v}_r \end{pmatrix} \tag{8.4}$$

と書いて，対角行列 $\boldsymbol{\Sigma}$ を $\boldsymbol{\Sigma} = \boldsymbol{\Sigma}_1\boldsymbol{\Sigma}_2$ と分解することである．そして，

$$\boldsymbol{A}_1 = \boldsymbol{U}\boldsymbol{\Sigma}_1, \qquad \boldsymbol{A}_2 = \boldsymbol{\Sigma}_2\boldsymbol{V} \tag{8.5}$$

と置く．$\boldsymbol{\Sigma}$ の代表的な分解は，次のものである．

$$\text{(i)} \qquad \boldsymbol{\Sigma}_1 = \begin{pmatrix} \sigma_1 & & \\ & \ddots & \\ & & \sigma_r \end{pmatrix}, \qquad \boldsymbol{\Sigma}_2 = \boldsymbol{I} \tag{8.6}$$

$$\text{(ii)} \qquad \boldsymbol{\Sigma}_1 = \begin{pmatrix} \sqrt{\sigma_1} & & \\ & \ddots & \\ & & \sqrt{\sigma_r} \end{pmatrix}, \qquad \boldsymbol{\Sigma}_2 = \begin{pmatrix} \sqrt{\sigma_1} & & \\ & \ddots & \\ & & \sqrt{\sigma_r} \end{pmatrix} \tag{8.7}$$

$$\text{(iii)} \qquad \boldsymbol{\Sigma}_1 = \boldsymbol{I}, \qquad \boldsymbol{\Sigma}_2 = \begin{pmatrix} \sigma_1 & & \\ & \ddots & \\ & & \sigma_r \end{pmatrix} \tag{8.8}$$

(ii) の行列 $\boldsymbol{\Sigma}_1 = \boldsymbol{\Sigma}_2$ は $\sqrt{\boldsymbol{\Sigma}}$ とも書かれる．以上のことから，$m \times n$ 行列 $\boldsymbol{A}$ がランクが r 以下 $(r \leq m, n)$ である条件は，$\boldsymbol{A}$ がある $m \times r$ 行列 $\boldsymbol{A}_1$ とある $r \times n$ 行列 $\boldsymbol{A}_2$ によって，$\boldsymbol{A} = \boldsymbol{A}_1 \boldsymbol{A}_2$ と書けることであることがわかる．

8.2 動画像解析の因子分解法
Factorization for Motion Image Analysis

3 次元空間の N 点 $(X_\alpha, Y_\alpha, Z_\alpha)$, $\alpha = 1, \ldots, N$ を M 台のカメラで撮影するとき（あるいは 1 台のカメラを移動しながら撮影するとき），第 α 点が第 κ カメラ画像の点 $(x_{\alpha\kappa}, y_{\alpha\kappa})$ に撮影されるとする (Fig. 8.2)．そして，シーン中の XYZ 座標系は，原点 O がそれら N 点の重心に一致するようにとる．すなわち，

$$\sum_{\alpha=1}^{N} X_\alpha = \sum_{\alpha=1}^{N} Y_\alpha = \sum_{\alpha=1}^{N} Z_\alpha = 0 \tag{8.9}$$

とする．また，すべての点がすべての画像上に撮影されているとし，各画像上の画像座標系は撮影した N 点の位置の重心が原点 $(0, 0)$ になるようにとる．すなわち，

$$\sum_{\alpha=1}^{N} x_{\alpha\kappa} = \sum_{\alpha=1}^{N} y_{\alpha\kappa} = 0, \qquad \kappa = 1, \ldots, M \tag{8.10}$$

とする．このとき，$(X_\alpha, Y_\alpha, Z_\alpha)$ と $(x_{\alpha\kappa}, y_{\alpha\kappa})$ は近似的に次の関係を満たすことが知られている．

$$\begin{pmatrix} x_{\alpha\kappa} \\ y_{\alpha\kappa} \end{pmatrix} = \boldsymbol{\Pi}_\kappa \begin{pmatrix} X_\alpha \\ Y_\alpha \\ Z_\alpha \end{pmatrix} \tag{8.11}$$

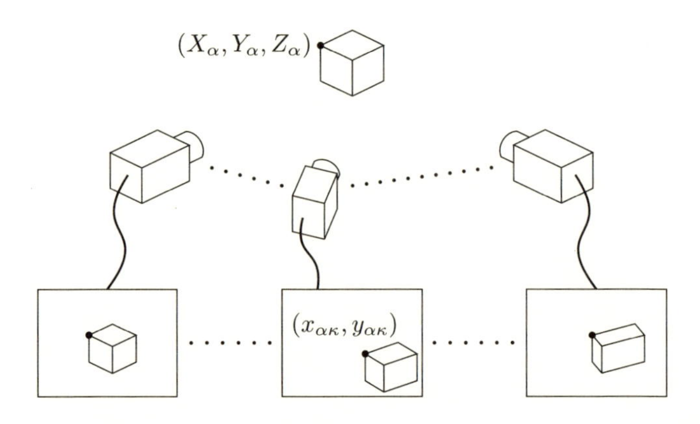

図 8.2　3次元空間の N 点 $(X_\alpha, Y_\alpha, Z_\alpha)$, $\alpha = 1, \ldots, N$ を M 台のカメラで撮影する．第 α 点が第 κ カメラ画像の点 $(x_{\alpha\kappa}, y_{\alpha\kappa})$, $\kappa = 1, \ldots, M$ に撮影されるとする．

Fig. 8.2　N points $(X_\alpha, Y_\alpha, Z_\alpha)$, $\alpha = 1, \ldots, N$ in the three-dimensional space are captured by M cameras. The αth point is imaged at $(x_{\alpha\kappa}, y_{\alpha\kappa})$, $\kappa = 1, \ldots, M$, in the image of the κth camera.

ここに，$\boldsymbol{\Pi}_\kappa$ は第 κ カメラの位置や向きや内部パラメータによって定まる 2×3 行列であり，**カメラ行列** (camera matrix) と呼ばれる．カメラの撮像は厳密には**透視投影** (perspective projection) と呼ばれる非線形な関係であるが，その透視効果（遠くのものほど小さく写る）を無視すると，式 (8.11) ような線形関係式で書ける．この近似は，観測対象が比較的遠方にあって，画像中の比較的狭い領域に撮影されている場合（例えば，数メートル先の人物像など）によく成り立つことが知られている．式 (8.11) が成り立つ仮想的なカメラを**アフィンカメラ** (affine camera) と呼ぶ．

すべての画像上のすべての観測点 $(x_{\alpha\kappa}, y_{\alpha\kappa})$, $\kappa = 1, \ldots, M$, $\alpha = 1, \ldots, N$ の座標を $2M \times N$ 行列の形で

$$\boldsymbol{W} = \begin{pmatrix} x_{11} & \cdots & x_{N1} \\ y_{11} & \cdots & y_{N1} \\ \vdots & \ddots & \vdots \\ x_{1M} & \cdots & x_{NM} \\ y_{1M} & \cdots & y_{NM} \end{pmatrix} \tag{8.12}$$

と書き，**観測行列** (oberservation matrix) と呼ぶ．そして，すべてのカメラ行列 $\boldsymbol{\Pi}_\kappa$, $\kappa = 1, \ldots, M$ とすべての点の 3 次元座標 $(X_\alpha, Y_\alpha, Z_\alpha)$, $\alpha = 1, \ldots, N$ を次の行列の形に並べる．

$$\boldsymbol{M} = \begin{pmatrix} \boldsymbol{\Pi}_1 \\ \vdots \\ \boldsymbol{\Pi}_M \end{pmatrix}, \qquad \boldsymbol{S} = \begin{pmatrix} X_1 & \cdots & X_N \\ Y_1 & \cdots & Y_N \\ Z_1 & \cdots & Z_N \end{pmatrix} \tag{8.13}$$

$2M \times 3$ 行列 $\boldsymbol{M}$ を**運動行列** (motion matrix), $3 \times N$ 行列 $\boldsymbol{S}$ を**形状行列** (shape matrix) と呼ぶ．すると，式 (8.12) の行列 $\boldsymbol{W}$ の定義と式 (8.13) の行列 $\boldsymbol{M}$, $\boldsymbol{S}$ の定義から，次の関係が成り立つ (↪ Problem 8.2).

$$\boldsymbol{W} = \boldsymbol{M}\boldsymbol{S} \tag{8.14}$$

したがって，画像上に観測した点の座標から得られる行列 $\boldsymbol{W}$ を，前節の方法によって行列 $\boldsymbol{M}, \boldsymbol{S}$ の積に分解すれば，すべてのカメラ行列とすべての点の 3 次元座標が計算できる．このようにして画像から 3 次元形状を復元する方法は，**因子分解法** (factorization method) と呼ばれている．

しかし，前節で指摘したように，解は一意的ではない，真の運動行列と真の形状行列を $\bar{\boldsymbol{M}}, \bar{\boldsymbol{S}}$ とすると，因子分解法で得られる $\boldsymbol{M}, \boldsymbol{S}$ は，ある 3×3 正則行列 $\boldsymbol{C}$ が存在して，

$$\boldsymbol{M} = \bar{\boldsymbol{M}}\boldsymbol{C}^{-1}, \qquad \boldsymbol{S} = \boldsymbol{C}\bar{\boldsymbol{S}} \tag{8.15}$$

の関係がある．第 2 式は $\boldsymbol{S}$ の各列 $(X_\alpha, Y_\alpha, Z_\alpha)^\top$ が $\bar{\boldsymbol{S}}$ の各列 $(\bar{X}_\alpha, \bar{Y}_\alpha, \bar{Z}_\alpha)^\top$ にある正則行列 $\boldsymbol{C}$ を掛けたものであることを意味している．このように，得られる 3 次元形状は，真の形状にある線形変換を施したものであり，かつ絶対的な位置が不定であるから[1]，真の形状の**アフィン変換** (affine transformation) である．

アフィン変換を施しても，直線性や平面性は保たれる (Fig. 8.3)．すなわち，同一直線上の点は同一直線上の点に写像され，同一平面上の点は同一平

[1] 空間の 3 次元座標系の原点を，便宜的に式 (8.9) に定めているので，その絶対的な位置は不定である．

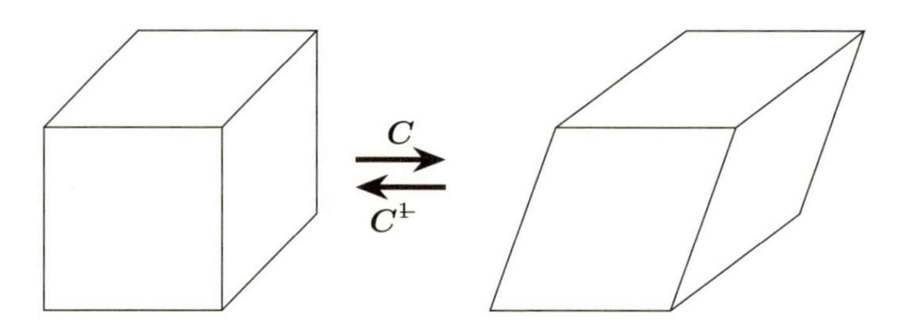

図8.3　アフィン復元．計算した形状は，真の形状にあるアフィン変換$\boldsymbol{C}$を施したものである．これによって長さや角度が変化するが，比は保たれ，平行な直線や平面は平行な直線や平面に写像される．

Fig. 8.3　Affine reconstruction. The computed shape and its true shape are related by an unknown affine transformation $\boldsymbol{C}$. The lengths and angles may alter, but the ratio of lengths is preserved, and parallel lines and planes are mapped to parallel lines and planes.

面上の点に写像される．その結果，平行な直線は平行な直線に，平行な平面は平行な平面に写像される．しかし，スケールや角度は変化するので，例えば立方体は平行六面体になる．このようなアフィン変換の不定性を含む3次元復元を**アフィン復元** (affine reconstruction) と呼ぶ．

このような不定性を除いて，角度の関係が正しい復元（**ユークリッド復元** (Euclidean reconstruction) と呼ぶ[2)]）を得るには，不定の行列$\boldsymbol{C}$を定める必要がある．その条件を**計量条件** (metric condition) と呼ぶ．一つの方法は3次元シーンに関する知識を用いるものであり，例えば，どの辺とどの辺が直交するかなどを指定して，式 (8.15) の第2式が満たされるように$\boldsymbol{C}$を定める．もう一つはカメラに関する知識を用いるものである．具体的には，カメラの撮像をモデル化して，各$\boldsymbol{\Pi}_\kappa$を未知パラメータを含む形に表す．そして，式 (8.15) の第1式が満たされるように$\boldsymbol{C}$を定める．式 (8.15) の第1式から多数の等式が得られるので，それらから各カメラ行列$\boldsymbol{\Pi}_\kappa$の未知パラメータと未知の行列$\boldsymbol{C}$を定めることができる．そのための，さまざまなアフィンカメラのモデル化が提案されている[3)]．

---

2) 画像のみからは絶対的なスケールが定まらないので（↪ 6.3節），本来は「相似復元」(similar reconstruction) と呼ぶべきであるが，この名称が定着している．

3) 代表的なアフィンカメラのモデルとして，「平行投影」(orthographic projection)，「弱透

用語とまとめ　Glossary and Summary

因子分解　factorization：行列 $\boldsymbol{A}$ を二つの行列 $\boldsymbol{A}_1, \boldsymbol{A}_2$ の積として，$\boldsymbol{A} = \boldsymbol{A}_1\boldsymbol{A}_2$ と表すこと．

Expressing a matrix $\boldsymbol{A}$ as the product $\boldsymbol{A} = \boldsymbol{A}_1\boldsymbol{A}_2$ of two matrices $\boldsymbol{A}_1$ and $\boldsymbol{A}_2$.

カメラ行列　camera matrix：3 次元空間の点の位置とそれを撮影した画像上の 2 次元座標との関係を表す行列．

The matrix that describes the relationship between the positions of points in three-dimensions and their two-dimensional coordinates in the captured images.

透視投影　perspective projection：カメラの撮像を，レンズの中心を通る視線と画像面との交点とみなすモデル．通常のカメラはこれによってよく記述される．遠くのものほど小さく写る．

The camera imaging is modeled as the intersections of the image plane with lines of sight passing through the lens center. Ordinary cameras are well described by this model. The imaged size is smaller as the object is further away.

アフィンカメラ　affine camera：透視投影を簡単な線形な式で近似した投影関係が成り立つようなカメラ．数学的なモデルであって，現実には存在しない．

A camera for which the imaging geometry is described by simple linear equations that approximate the perspective projection. Such a camera is merely a mathematical model and does not exist in reality.

観測行列　observation matrix：3 次元空間の複数の点を複数のカメラで撮影したとき，各カメラ画像に写る点の画像座標を並べて，行列の形に表

視投影」(weak perspective projection)，「疑似透視投影」(paraperspective projection) と呼ばれるものがある．

したもの．

The matrix consisting of image coordinates of multiple points in three-dimensions captured by multiple cameras.

運動行列　motion matrix：3次元空間の複数の点を複数のカメラで撮影したとき，各カメラの位置や向きや内部パラメータを並べて，行列の形に表したもの．

The matrix consisting of the positions, orientations, and internal parameters of the cameras that capture multiple points in three-dimensions.

形状行列　shape matrix：撮影される3次元空間の複数の点の3次元座標を並べて，行列の形に表したもの．

The matrix consisting of three-dimensional coordinates of multiple points that are imaged.

因子分解法　factorization method：3次元空間の複数の点を複数のカメラで撮影した画像上のデータから，カメラをアフィンカメラと仮定して，行列の因子分解に帰着させて，各点の3次元位置と各カメラの位置や向きや内部パラメータを計算する手法．

The technique for computing the three-dimensional positions of multiple points and the positions, orientations, and internal parameters of multiple cameras from their images by assuming that the cameras are affine. The computation reduces to matrix factorization.

アフィン変換　affine transformation：線形変換に平行移動を加えた写像．同一直線上の点は同一直線上の点に写像され，同一平面上の点は同一平面上の点に写像される．しかし，スケールや角度は変化するので，例えば立方体は平行六面体になる．

A mapping defined by a linear transformation followed by a translation. Collinear and coplanar points are mapped to collinear and coplanar points, but scales and angles change, so that a cube is mapped to a parallelepiped, for example.

アフィン復元　affine reconstruction：真の形状にある（未知の）アフィン変換を施した3次元形状が計算されるような，3次元復元手法.

A three-dimensional reconstruction method such that the computed shape and its true shape are related by an unknown affine transformation.

ユークリッド復元　Euclidean reconstruction：アフィン復元に対して，角度関係が正しい3次元形状を得る3次元復元手法.

A three-dimensional reconstruction method such that, as opposed to affine reconstruction, the computed shape has correct angles.

計量条件　metric condition：アフィン復元をユークリッド復元に変換するための条件.

Conditions required to transform an affine reconstruction to a Euclidean reconstruction.

- 与えられた行列を大きさを指定した二つの行列の積で表す方法は，一通りではなく，任意の正則行列の不定性がある（式(8.2)）.

  The expression of a given matrix as the product of two matrices of specified sizes is not unique; it has indeterminacy of an arbitrary nonsingular matrix (Eq. (8.2)).

- 二つの積で与えられる行列のランクは，各々の行列のランクを超えない（式(8.3)）. この関係を満たさない行列は因子分解できない.

  The rank of a matrix given by the product of two matrices is not more than the rank of each matrix (Eq. (8.3)). The matrix that does not satify this condition does not allow such a factorization.

- ランクの関係を満たさない行列を，ランクが指定された行列の積に近似的に因子分解するには，まず特異値分解し，小さい特異値を打ち切ってランクを調節する．

  If we want to approximately factorize a matrix that does not satisfy the rank requirement into the product of two matrices of specified ranks, we first compute the singular value decomposition and adjust the rank by truncating small singular values.

- ランクの関係を満たす行列の因子分解は，特異値分解によって，対角行列の因子分解に帰着する．

  Factorization of a matrix that satisfies the rank constraint reduces to factorization of diagonal matrices via the singular value decomposition.

- 3次元空間の複数の点を複数のカメラで撮影した画像上の撮影点の画像座標が与えられたとき，アフィンカメラを仮定すれば，画像座標を並べた観測行列を因子分解することによって，カメラ位置や3次元形状が計算できる．ただし，得られるのはアフィン復元である．

  When we are given image coordinates of multiple points in three dimensions captured in images taken by multiple cameras, we can compute the camera positions and three-dimensional shapes by factorizing the observation matrix consisting of image coordinates, assuming that the cameras are affine. However, the obtained result is an affine reconstruction.

- 因子分解法によって得られたアフィン復元を補正してユークリッド復元を得るには，3次元シーンに関する性質を用いるか，特定のカメラモデルをパラメータ化して，得られる多数の式から未知パラメータを消去する．

  For correcting the affine reconstruction obtained by the factorization method to obtain a Euclidean reconstruction, we either assume some knowledge of the three-dimensional scene or assume specific camera modelling, parameterize the cameras, and eliminate the parameters from resulting multiple equations.

第 8 章の問題　Problems of Chapter 8

8.1. $m \times n$ 行列 $\boldsymbol{A}$ がランクが r 以下 $(r \leq m, n)$ である条件は，$\boldsymbol{A}$ がある $m \times r$ 行列 $\boldsymbol{A}_1$ とある $r \times n$ 行列 $\boldsymbol{A}_2$ によって，$\boldsymbol{A} = \boldsymbol{A}_1\boldsymbol{A}_2$ と書けることであることを示せ.

8.2. (1) 式 (8.12) の第 α 列は，第 α 点の画像上の x 座標と y 座標を M 枚の画像にわたって並べたものであり，第 α 点の「軌跡」とみなせる．すなわち，各点の軌跡は $2M$ 次元空間の 1 点である．式 (8.14) は，N 個の点の軌跡を表す $2M$ 次元空間の点が，すべてある 3 次元部分空間に含まれていることを意味する．これを示せ.

(2) その 3 次元部分空間の正規直交基底を計算するには，どうすればよいか．このとき，式 (8.14) の分解が成り立つのは仮想的なカメラ（アフィンカメラ）に対してであり，実際のカメラから得た観測行列 $\boldsymbol{W}$ では必ずしも厳密に式 (8.14) が成り立たないことに注意.

付録

線形代数の基礎
Fundamentals of Linear Algebra

本書の内容に関係する線形代数の基礎知識，および関連する数学的事項をまとめる．まず，線形写像が行列との積で表せることを示し，ベクトルの内積とノルムに関連する基本事項を述べる．次に，「1次形式」，「2次形式」，「双1次形式」に関してよく用いられる公式を列挙する．そして，ベクトルの正規直交基底による展開と最小2乗近似について述べる．また，制約のあるベクトルの関数の最大値，最小値を求める「ラグランジュの未定常数法」を説明する．最後に，固有値と固有ベクトル，およびそれを用いる2次形式の最大値，最小値についてまとめる．ここに列挙した内容の詳細や省略した証明は，教科書 [7, 8] を参照．

We summarize fundamentals of linear algebra and related mathematical facts relevant to the discussions in the preceding chapters. First, we state that a linear mapping is written as the product with some matirx and describe basic facts about the inner product and the norm of vectors. Next, we list formulas that frequently appear in relation to “linear forms,” “quadratic forms,” and “bilinear forms.” Then, we briefly discuss expansion of vectors with respect to an orthonormal basis and least-squares approximation. We also introduce “Lagrange's method of indeterminate multipliers” for computing the maximum/minimum of a function of vectors subject to constraints. Finally, we summarize basics of eigenvalues and eigenvectors and maximization/minimization of a quadratic form using them. For more details and omitted proofs, see textbooks [7, 8].

A.1 線形写像と行列　Linear Mappings and Matrices

n 次元空間 $\mathcal{R}^n$ から m 次元空間 $\mathcal{R}^m$ への写像 $f(\cdot)$ が**線形写像** (linear mapping) であるとは，任意の $\boldsymbol{u}, \boldsymbol{v} \in \mathcal{R}^n$ と任意の実数 c に対して

$$f(\boldsymbol{u}+\boldsymbol{v}) = f(\boldsymbol{u}) + f(\boldsymbol{v}), \qquad f(c\boldsymbol{u}) = cf(\boldsymbol{u}) \tag{A.1}$$

となること，すなわち，**和は和に，定数倍は定数倍に対応すること**である．

線形写像 $f(\cdot)$ によってベクトル $\boldsymbol{u} \in \mathcal{R}^n$ がベクトル $\boldsymbol{u}' \in \mathcal{R}^m$ に対応するとする．ベクトル $\boldsymbol{u}$ は成分 u_i を縦にならべた列ベクトル（$\boldsymbol{u} = \Big(u_i\Big)$ と略記）であるとすると，

$$\boldsymbol{u} = \sum_{j=1}^{n} u_j \boldsymbol{e}_j \tag{A.2}$$

と書ける．ただし，$\boldsymbol{e}_j$ は第 j 成分が 1，その他は 0 の n 次元ベクトルである．$\{\boldsymbol{e}_1, \ldots, \boldsymbol{e}_n\}$ を $\mathcal{R}^n$ の**自然基底** (natural basis) と呼ぶ．同様に，ベクトル $\boldsymbol{u}' = \Big(u'_i\Big) \in \mathcal{R}^m$ も，$\mathcal{R}^m$ の自然基底 $\{\boldsymbol{e}'_1, \ldots, \boldsymbol{e}'_m\}$ を用いて，

$$\boldsymbol{u}' = \sum_{i=1}^{m} u'_i \boldsymbol{e}'_i \tag{A.3}$$

と書ける．

線形写像 $f(\cdot)$ によってベクトル $\boldsymbol{u} \in \mathcal{R}^n$ は次のように $\boldsymbol{u}' \in \mathcal{R}^m$ に写像される．

$$\boldsymbol{u}' = f(\boldsymbol{u}) = f(\sum_{j=1}^{n} u_j \boldsymbol{e}_j) = \sum_{j=1}^{n} u_j f(\boldsymbol{e}_j) \tag{A.4}$$

$f(\boldsymbol{e}_j)$ は $\mathcal{R}^m$ のベクトルであるから $\mathcal{R}^m$ の自然基底 $\{\boldsymbol{e}'_1, \ldots, \boldsymbol{e}'_m\}$ のある線形結合として

$$f(\boldsymbol{e}_j) = \sum_{i=1}^{m} a_{ij} \boldsymbol{e}'_i \tag{A.5}$$

と書ける．これを用いると，

$$\boldsymbol{u}' = \sum_{j=1}^{n} u_j f(\boldsymbol{e}_j) = \sum_{j=1}^{n} u_j \sum_{i=1}^{m} a_{ij} \boldsymbol{e}'_i = \sum_{i=1}^{m} \Big(\sum_{j=1}^{n} a_{ij} u_j \Big) \boldsymbol{e}'_i \tag{A.6}$$

となる．これと式 (A.3) を比較すると，

$$u'_i = \sum_{j=1}^{n} a_{ij} u_j \tag{A.7}$$

であることがわかる．これは，ベクトル $\boldsymbol{u}' = \left(u'_i\right)$ がベクトル $\boldsymbol{u} = \left(u_i\right)$ に，a_{ij} を (i, j) 要素とする行列（$\left(a_{ij}\right)$ と略記）を掛けた積として

$$\begin{pmatrix} u'_1 \\ \vdots \\ u'_m \end{pmatrix} = \begin{pmatrix} a_{11} & \cdots & a_{1n} \\ \vdots & \ddots & \vdots \\ a_{m1} & \cdots & a_{mn} \end{pmatrix} \begin{pmatrix} u_1 \\ \vdots \\ u_n \end{pmatrix} \tag{A.8}$$

と書けることを意味する．すなわち，$\mathcal{R}^n$ から $\mathcal{R}^m$ への線形写像は，ある $m \times n$ 行列 $\boldsymbol{A} = \left(a_{ij}\right)$ との積で表せる．

A.2　内積とノルム　Inner Product and Norm

ベクトル $\boldsymbol{a} = \left(a_i\right)$, $\boldsymbol{b} = \left(b_i\right)$ の**内積** (inner product) $\langle \boldsymbol{a}, \boldsymbol{b} \rangle$ を次のように定義する．

$$\langle \boldsymbol{a}, \boldsymbol{b} \rangle = \boldsymbol{a}^\top \boldsymbol{b} = \sum_{i=1}^{n} a_i b_i \tag{A.9}$$

これは次の性質を持つ．

(i)　$\langle \boldsymbol{a}, \boldsymbol{b} \rangle = \langle \boldsymbol{b}, \boldsymbol{a} \rangle$　　**対称性** (symmetry)

(ii)　$\langle \boldsymbol{a}, \alpha\boldsymbol{b} + \beta\boldsymbol{c} \rangle = \alpha\langle \boldsymbol{a}, \boldsymbol{b} \rangle + \beta\langle \boldsymbol{a}, \boldsymbol{c} \rangle$, α, β は任意の実数　　**線形性** (linearity)

(iii)　$\langle \boldsymbol{a}, \boldsymbol{a} \rangle \geq 0$, 等号は $\boldsymbol{a} = \boldsymbol{0}$ のときのみ　　**正値性** (positivity)

ベクトル $\boldsymbol{a} = \left(a_i\right)$ の**ノルム** (norm) $\|\boldsymbol{a}\|$ を次のように定義する．

$$\|\boldsymbol{a}\| = \sqrt{\langle \boldsymbol{a}, \boldsymbol{a} \rangle} = \sqrt{\sum_{i=1}^{n} a_i^2} \tag{A.10}$$

ノルムが1のベクトルを**単位ベクトル** (unit vector) という．ノルムは次の性質を持つ．

(i)	$\|\boldsymbol{a}\| \geq 0$, 等号は $\boldsymbol{a} = \boldsymbol{0}$ のときのみ	**正値性** (positivity)
(ii)	$-\|\boldsymbol{a}\| \cdot \|\boldsymbol{b}\| \leq \langle \boldsymbol{a}, \boldsymbol{b} \rangle \leq \|\boldsymbol{a}\| \cdot \|\boldsymbol{b}\|$	**シュワルツの不等式** (Schwarz inequality)
(iii)	$\bigl\|\|\boldsymbol{a}\| - \|\boldsymbol{b}\|\bigr\| \leq \|\boldsymbol{a} + \boldsymbol{b}\| \leq \|\boldsymbol{a}\| + \|\boldsymbol{b}\|$	**三角不等式** (triangle inequality)

ベクトル $\boldsymbol{a}, \boldsymbol{b}$ は $\langle \boldsymbol{a}, \boldsymbol{b} \rangle = 0$ のとき，**直交** (orthogonal) するという．三角不等式は

$$\|\boldsymbol{a} + \boldsymbol{b}\|^2 = \langle \boldsymbol{a} + \boldsymbol{b}, \boldsymbol{a} + \boldsymbol{b} \rangle = \|\boldsymbol{a}\|^2 + 2\langle \boldsymbol{a}, \boldsymbol{b} \rangle + \|\boldsymbol{b}\|^2 \tag{A.11}$$

にシュワルツの不等式（証明は [7] 参照）を適用すれば，上式が $\|\boldsymbol{a}\|^2 - 2\|\boldsymbol{a}\| \cdot \|\boldsymbol{b}\| + \|\boldsymbol{b}\|^2 = (\|\boldsymbol{a}\| - \|\boldsymbol{b}\|)^2$ より大きいか等しく，$\|\boldsymbol{a}\|^2 + 2\|\boldsymbol{a}\| \cdot \|\boldsymbol{b}\| + \|\boldsymbol{b}\|^2 = (\|\boldsymbol{a}\| + \|\boldsymbol{b}\|)^2$ より小さいか等しいことから導かれる．また，これから $\langle \boldsymbol{a}, \boldsymbol{b} \rangle = 0$ であれば，次の**三平方の定理**（**ピタゴラスの定理** (Pythagorean theorem)）が得られる．

$$\boldsymbol{a}, \boldsymbol{b} \text{ が直交すれば，} \quad \|\boldsymbol{a} - \boldsymbol{b}\|^2 = \|\boldsymbol{a}\|^2 + \|\boldsymbol{b}\|^2 = \|\boldsymbol{a} + \boldsymbol{b}\|^2 \tag{A.12}$$

A.3　1次形式　Linear Forms

定数ベクトル $\boldsymbol{a} = \begin{pmatrix} a_i \end{pmatrix}$ と変数ベクトル $\boldsymbol{x} = \begin{pmatrix} x_i \end{pmatrix}$ に対して，

$$L = \langle \boldsymbol{a}, \boldsymbol{x} \rangle = \sum_{i=1}^{n} a_i x_i \tag{A.13}$$

を $\boldsymbol{x}$ の**1次形式** (linear form) と呼ぶ．これを x_i で微分すると，次のようになる．

$$\frac{\partial L}{\partial x_i} = a_i \tag{A.14}$$

これは，ベクトルの形では次のように書ける．

$$\nabla_{\boldsymbol{x}} \langle \boldsymbol{a}, \boldsymbol{x} \rangle = \boldsymbol{a} \tag{A.15}$$

ただし，ベクトル $\nabla_{\boldsymbol{x}}(\cdots)$ を

$$\nabla_{\boldsymbol{x}}(\cdots) \equiv \begin{pmatrix} \partial(\cdots)/\partial x_1 \\ \vdots \\ \partial(\cdots)/\partial x_n \end{pmatrix} \tag{A.16}$$

と定義し，$\cdots$ の**勾配** (gradient) と呼ぶ．記号 ∇ は**ナブラ** (nabla) と呼ばれる．

A.4　2次形式　Quadratic Forms

定数の対称行列 $\boldsymbol{A} = \begin{pmatrix} a_{ij} \end{pmatrix}$ と変数ベクトル $\boldsymbol{x} = \begin{pmatrix} x_i \end{pmatrix}$ に対して，

$$Q = \langle \boldsymbol{x}, \boldsymbol{A}\boldsymbol{x} \rangle = \sum_{i,j=1}^{n} a_{ij} x_i x_j \tag{A.17}$$

を $\boldsymbol{x}$ の**2次形式** (quadratic form) と呼ぶ．$\boldsymbol{A}$ を対称行列と限定するのは次の理由のためである．一般の正方行列 $\boldsymbol{A}$ は，その**対称部分** (symmetric part) $\boldsymbol{A}^{(s)}$ と**反対称部分** (anti-symmetric part, skew-symmetric part) $\boldsymbol{A}^{(a)}$ の和に書ける．

$$\boldsymbol{A} = \boldsymbol{A}^{(s)} + \boldsymbol{A}^{(a)},$$

$$\boldsymbol{A}^{(s)} \equiv \frac{1}{2}(\boldsymbol{A} + \boldsymbol{A}^{\top}), \quad \boldsymbol{A}^{(a)} \equiv \frac{1}{2}(\boldsymbol{A} - \boldsymbol{A}^{\top}) \tag{A.18}$$

定義より，$\boldsymbol{A}^{(s)}, \boldsymbol{A}^{(a)}$ はそれぞれ，対称行列，反対称行列である．

$$\boldsymbol{A}^{(s)\top} = \boldsymbol{A}^{(s)}, \qquad \boldsymbol{A}^{(a)\top} = -\boldsymbol{A}^{(a)} \tag{A.19}$$

このとき，式 (A.17) の $\boldsymbol{A}$ が対称行列でないとしても，式 (A.18) を代入すると，

$$\langle \boldsymbol{x}, \boldsymbol{A}\boldsymbol{x} \rangle = \langle \boldsymbol{x}, (\boldsymbol{A}^{(s)} + \boldsymbol{A}^{(a)})\boldsymbol{x} \rangle = \langle \boldsymbol{x}, \boldsymbol{A}^{(s)}\boldsymbol{x} \rangle \tag{A.20}$$

となるので，$\boldsymbol{A}$ の対称部分しか意味がない．反対称部分の $\langle \boldsymbol{x}, \boldsymbol{A}^{(a)}\boldsymbol{x} \rangle = \sum_{i,j=1}^{n} a_{ij}^{(a)} x_i x_j$ が 0 になるのは，各 (i, j) の組で $a_{ij}^{(a)} x_i x_j$ と $a_{ji}^{(a)} x_j x_i$ $(= -a_{ij}^{(a)} x_i x_j)$ が打ち消すからである（反対称行列は，対角要素が $a_{ii}^{(a)} = 0$ であることに注意）．

この考察から，任意の $\boldsymbol{x}$ について $\langle \boldsymbol{x}, \boldsymbol{A}\boldsymbol{x} \rangle = 0$ であることは，$\boldsymbol{A} = \boldsymbol{O}$ を意味しない．結論されるのは，

$$\text{任意の } \boldsymbol{x} \text{ に対して } \langle \boldsymbol{x}, \boldsymbol{A}\boldsymbol{x} \rangle = 0 \text{ であれば } \boldsymbol{A}^{(s)} = \boldsymbol{O} \tag{A.21}$$

である．同様に，任意の $\boldsymbol{x}$ について $\langle \boldsymbol{x}, \boldsymbol{A}\boldsymbol{x} \rangle = \langle \boldsymbol{x}, \boldsymbol{B}\boldsymbol{x} \rangle$ のとき，結論されるのは，$\boldsymbol{A} = \boldsymbol{B}$ ではなく，次のことが結論される．

$$\text{任意の } \boldsymbol{x} \text{ に対して } \langle \boldsymbol{x}, \boldsymbol{A}\boldsymbol{x} \rangle = \langle \boldsymbol{x}, \boldsymbol{B}\boldsymbol{x} \rangle \text{ であれば } \boldsymbol{A}^{(s)} = \boldsymbol{B}^{(s)} \tag{A.22}$$

以上のことから，2 次形式においては $\boldsymbol{A}$ は初めから対称行列と仮定する．$\boldsymbol{A}$ が対称行列なら，$a_{ij} = a_{ji}$ であるから，式 (A.17) の x_1 を含む項は，

$$\begin{aligned} & a_{11}x_1^2 + \sum_{j=2}^{n} a_{1j} x_1 x_j + \sum_{i=2}^{n} a_{i1} x_i x_1 \\ & \qquad = a_{11}x_1^2 + 2(a_{12}x_2 + a_{13}x_3 + \cdots + a_{1n}x_n)x_1 \end{aligned} \tag{A.23}$$

である．これを x_1 で微分すると，$2a_{11}x_1 + 2(a_{12}x_2 + a_{13}x_3 + \cdots + a_{1n}x_n) = 2\sum_{j=1}^{n} a_{1j}x_j$ である．$x_2, \ldots, x_n$ についても同様であるから，

$$\frac{\partial Q}{\partial x_i} = 2\sum_{j=1}^{n} a_{ij} x_j \tag{A.24}$$

となる．∇ を使ってベクトルで表すと，次のように書ける．

$$\nabla_{\boldsymbol{x}} \langle \boldsymbol{x}, \boldsymbol{A}\boldsymbol{x} \rangle = 2\boldsymbol{A}\boldsymbol{x} \tag{A.25}$$

式 (A.15), (A.25) はそれぞれ，1 変数の場合の $d(ax)/dx = a$, $d(Ax^2)/dx = 2Ax$ の n 変数への拡張となっている．

A.5　双1次形式　Bilinear Forms

定数行列 $\boldsymbol{A} = \left(a_{ij}\right)$ と変数ベクトル $\boldsymbol{x} = \left(x_i\right)$, $\boldsymbol{y} = \left(y_i\right)$ に対して,

$$B = \langle \boldsymbol{x}, \boldsymbol{A}\boldsymbol{y} \rangle = \sum_{i,j=1}^{n} a_{ij} x_i y_j \tag{A.26}$$

を $\boldsymbol{x}, \boldsymbol{y}$ の**双1次形式** (bilinear form) と呼ぶ．次の基本的な恒等式が成り立つ．

$$\langle \boldsymbol{x}, \boldsymbol{A}\boldsymbol{y} \rangle = \langle \boldsymbol{A}^\top \boldsymbol{x}, \boldsymbol{y} \rangle \tag{A.27}$$

実際，行列とベクトルの積の定義より，両辺とも $\sum_{i,j=1}^{n} a_{ij} x_i y_j$ に等しい．2次形式の場合と異なり，次のことが言える．

$$\text{任意の } \boldsymbol{x}, \boldsymbol{y} \text{ に対して } \langle \boldsymbol{x}, \boldsymbol{A}\boldsymbol{y} \rangle = 0 \quad \text{であれば} \quad \boldsymbol{A} = \boldsymbol{O} \tag{A.28}$$

$$\text{任意の } \boldsymbol{x}, \boldsymbol{y} \text{ に対して } \langle \boldsymbol{x}, \boldsymbol{A}\boldsymbol{y} \rangle = \langle \boldsymbol{x}, \boldsymbol{B}\boldsymbol{y} \rangle \quad \text{であれば} \quad \boldsymbol{A} = \boldsymbol{B} \tag{A.29}$$

式(A.15), (A.27) より次式が成り立つ．

$$\nabla_{\boldsymbol{x}} \langle \boldsymbol{x}, \boldsymbol{A}\boldsymbol{y} \rangle = \boldsymbol{A}\boldsymbol{y}, \qquad \nabla_{\boldsymbol{y}} \langle \boldsymbol{x}, \boldsymbol{A}\boldsymbol{y} \rangle = \boldsymbol{A}^\top \boldsymbol{x} \tag{A.30}$$

A.6　基底による展開　Basis and Expansion

ベクトルの組 $\boldsymbol{u}_1, \ldots, \boldsymbol{u}_r$ は，各々が単位ベクトルであり，互いに直交するとき，すなわち，

$$\langle \boldsymbol{u}_i, \boldsymbol{u}_j \rangle = \delta_{ij} \tag{A.31}$$

のとき，**正規直交系** (orthonormal system) であるという．ここに δ_{ij} は**クロネッカのデルタ** (Kronecker delta)（$i = j$ のとき1，$i \neq j$ のとき0をとる記号）である．

任意のベクトル $\boldsymbol{x}$ がある n 本のベクトル $\boldsymbol{u}_1, \ldots, \boldsymbol{u}_n$ の線形結合によって一意的に表されるとき，それらをその空間の**基底** (basis) であるといい，n をその空間の**次元** (dimension) と呼ぶ．n 本のベクトルの正規直交系 $\{\boldsymbol{u}_1, \ldots,$

$\boldsymbol{u}_n\}$ は n 次元空間 $\mathcal{R}^n$ の基底となり，**正規直交基底** (orthonormal basis) と呼ばれる．

与えられたベクトル $\boldsymbol{x}$ を正規直交基底 $\{\boldsymbol{u}_i\}$, $i=1,\ldots,n$ の線形結合

$$\boldsymbol{x} = c_1\boldsymbol{u}_1 + \cdots + c_n\boldsymbol{u}_n \tag{A.32}$$

で表すことを，$\boldsymbol{x}$ の $\{\boldsymbol{u}_i\}$ による**展開** (expansion) と呼ぶ．式 (A.32) の 2 乗ノルムは次のようになる．

$$\|\boldsymbol{x}\|^2 = \langle\sum_{i=1}^n c_i\boldsymbol{u}_i, \sum_{j=1}^n c_j\boldsymbol{u}_j\rangle = \sum_{i,j=1}^n c_ic_j\langle\boldsymbol{u}_i, \boldsymbol{u}_j\rangle = \sum_{i,j=1}^n \delta_{ij}c_ic_j = \sum_{i=1}^n c_i^2$$
$$= c_1^2 + \cdots + c_n^2 \tag{A.33}$$

ただし，添字の混乱を防ぐために，$\langle\sum_{i=1}^n c_i\boldsymbol{u}_i, \sum_{i=1}^n c_i\boldsymbol{u}_i\rangle$ と書かずに，総和の添字を変えて $\langle\sum_{i=1}^n c_i\boldsymbol{u}_i, \sum_{j=1}^n c_j\boldsymbol{u}_j\rangle$ としている．また，クロネッカのデルタ δ_{ij} が i または j（または両方）に関する総和 $\sum$ の中に現れるとき，$i=j$ の項のみが残ることに注意．

$\boldsymbol{u}_i$ と式 (A.32) との内積をとると，$\{\boldsymbol{u}_i\}$ が正規直交系であるから，

$$\langle\boldsymbol{u}_i, \boldsymbol{x}\rangle = c_1\langle\boldsymbol{u}_i, \boldsymbol{u}_1\rangle + \cdots + c_i\langle\boldsymbol{u}_i, \boldsymbol{u}_i\rangle + \cdots + c_n\langle\boldsymbol{u}_i, \boldsymbol{u}_n\rangle = c_i \tag{A.34}$$

となる．したがって，式 (A.32) の $\boldsymbol{x}$ の展開は，次のように書ける．

$$\boldsymbol{x} = \langle\boldsymbol{u}_1, \boldsymbol{x}\rangle\boldsymbol{u}_1 + \cdots + \langle\boldsymbol{u}_n, \boldsymbol{x}\rangle\boldsymbol{u}_n \tag{A.35}$$

$\{\boldsymbol{u}_i\}$ が基底であるから，展開の表現は一意的である．式 (A.33) より，この 2 乗ノルムは次のように書ける．

$$\|\boldsymbol{x}\|^2 = \langle\boldsymbol{u}_1, \boldsymbol{x}\rangle^2 + \cdots + \langle\boldsymbol{u}_n, \boldsymbol{x}\rangle^2 \tag{A.36}$$

A.7　最小 2 乗近似　Least-squares Approximation

$r\ (\leq n)$ 本のベクトルの正規直交系 $\{\boldsymbol{u}_i\}$, $i=1,\ldots,r$ に対しては，ベクトル $\boldsymbol{x}$ を式 (A.32) のように展開できるとは限らない．しかし，

$$J = \|\boldsymbol{x} - (c_1\boldsymbol{u}_1 + \cdots + c_r\boldsymbol{u}_r)\|^2 \tag{A.37}$$

が最小になるように展開係数 $c_i,\ i = 1, \ldots, r$ を定めることはできる．そのような係数による展開を**最小 2 乗近似** (least-squares approximation) という．式 (A.37) は次のように書き直せる．

$$J = \langle \boldsymbol{x} - \sum_{i=1}^{r} c_i \boldsymbol{u}_i, \boldsymbol{x} - \sum_{j=1}^{r} c_j \boldsymbol{u}_j \rangle \tag{A.38}$$

これを c_k で微分すると，次のようになる．

$$\begin{aligned} \frac{\partial J}{\partial c_k} &= \langle -\boldsymbol{u}_k, \boldsymbol{x} - \sum_{j=1}^{r} c_j \boldsymbol{u}_j \rangle + \langle \boldsymbol{x} - \sum_{i=1}^{r} c_i \boldsymbol{u}_i, -\boldsymbol{u}_k \rangle \\ &= -2\langle \boldsymbol{u}_k, \boldsymbol{x} \rangle + 2\sum_{j=1}^{r} c_j \langle \boldsymbol{u}_k, \boldsymbol{u}_j \rangle = -2\langle \boldsymbol{u}_k, \boldsymbol{x} \rangle + 2c_k \end{aligned} \tag{A.39}$$

これを 0 と置くと，$c_k = \langle \boldsymbol{u}_k, \boldsymbol{x} \rangle$ が得られる．ゆえに，最小 2 乗近似は次のように書ける．

$$\boldsymbol{x} \approx \langle \boldsymbol{u}_1, \boldsymbol{x} \rangle \boldsymbol{u}_1 + \cdots + \langle \boldsymbol{u}_r, \boldsymbol{x} \rangle \boldsymbol{u}_r \tag{A.40}$$

これは式 (A.35) の**展開を第 r 項で打ち切ったものとなっている．**

$\boldsymbol{u}_1, \ldots, \boldsymbol{u}_r$ の線形結合で表せるベクトル全体 $\mathcal{U}$ を $\boldsymbol{u}_1, \ldots, \boldsymbol{u}_r$ の**張る** (span) **部分空間** (subspace) と呼ぶ．$\boldsymbol{u}_1, \ldots, \boldsymbol{u}_r$ が線形独立であれば（特に正規直交系であれば），これらはその部分空間 $\mathcal{U}$ の基底となり，その次元は r である．

このことから，ベクトル $\boldsymbol{x}$ が正規直交系 $\boldsymbol{u}_1, \ldots, \boldsymbol{u}_r$ の張る r 次元部分空間 $\mathcal{U}$ に含まれれば，式 (A.40) は等号で成立する．

$$\boldsymbol{x} = \langle \boldsymbol{u}_1, \boldsymbol{x} \rangle \boldsymbol{u}_1 + \cdots + \langle \boldsymbol{u}_r, \boldsymbol{x} \rangle \boldsymbol{u}_r \tag{A.41}$$

$\{\boldsymbol{u}_i\},\ i = 1, \ldots, r$ は $\mathcal{U}$ の正規直交基底であり，展開の表現は一意的である．そして，その 2 乗ノルムが次のように書ける．

$$\|\boldsymbol{x}\|^2 = \langle \boldsymbol{u}_1, \boldsymbol{x} \rangle^2 + \cdots + \langle \boldsymbol{u}_r, \boldsymbol{x} \rangle^2 \tag{A.42}$$

A.8　ラグランジュの未定乗数法 Lagrange's Method of Indeterminate Multipliers

変数 $\boldsymbol{x}$ の関数 $f(\boldsymbol{x})$ の最大値，最小値は，$\boldsymbol{x}$ に何も制約がなければ，

$$\nabla_{\boldsymbol{x}} f = \mathbf{0} \tag{A.43}$$

を解いて得られる．$\boldsymbol{x}$ に制約

$$g(\boldsymbol{x}) = 0 \tag{A.44}$$

がある場合は，**ラグランジュ乗数** (Lagrange multiplier) λ を導入した

$$F = f(\boldsymbol{x}) - \lambda g(\boldsymbol{x}) \tag{A.45}$$

を考え，これを $\boldsymbol{x}$ で微分して $\mathbf{0}$ と置く．

$$\nabla_{\boldsymbol{x}} f - \lambda \nabla_{\boldsymbol{x}} g = \mathbf{0} \tag{A.46}$$

これと式 (A.44) を連立させて解けば，$\boldsymbol{x}$ と λ を定めることができる．この解法を**ラグランジュの未定乗数法** (Lagrange's method of indeterminate multipliers) と呼ぶ（導出は [8] 参照）．

ただし，この方法で求まるのは，一般に極値であり，それが最大値か，最小値か，あるいはそれ以外の極大値，極小値（あるいは変曲点）であるかは，別に判定しなければならない．しかし，問題の性質から最大値あるいは最小値がただ一つ存在することがわかっている場合は，非常に便利な方法である．

複数の制約

$$g_1(\boldsymbol{x}) = 0, \quad \ldots, \quad g_m(\boldsymbol{x}) = 0 \tag{A.47}$$

があるときに $f(\boldsymbol{x})$ の最大，最小値（一般には極値）を求めるには，各制約式それぞれにラグランジュ乗数 $\lambda_1, \ldots, \lambda_m$ を導入して，

$$\begin{aligned} F &= f(\boldsymbol{x}) - \lambda_1 g_1(\boldsymbol{x}) - \cdots - \lambda_m g_m(\boldsymbol{x}) \\ &= f(\boldsymbol{x}) - \langle \boldsymbol{\lambda}, \boldsymbol{g}(\boldsymbol{x}) \rangle \end{aligned} \tag{A.48}$$

を考える．ただし，m 個のラグランジュ乗数と式 (A.47) の m 個の制約式を並べて，ベクトルの形で

$$\boldsymbol{\lambda} = \begin{pmatrix} \lambda_1 \\ \vdots \\ \lambda_m \end{pmatrix}, \qquad \boldsymbol{g}(\boldsymbol{x}) = \begin{pmatrix} g_1(\boldsymbol{x}) \\ \vdots \\ g_m(\boldsymbol{x}) \end{pmatrix} \tag{A.49}$$

と書いた．式 (A.48) を $\boldsymbol{x}$ で微分して $\boldsymbol{0}$ と置いた

$$\nabla_{\boldsymbol{x}} f - \langle \boldsymbol{\lambda}, \nabla_{\boldsymbol{x}} \boldsymbol{g} \rangle = \boldsymbol{0} \tag{A.50}$$

と式 (A.47) を連立させて解けば，$\boldsymbol{x}$ と $\lambda_1, \ldots, \lambda_m$ を定めることができる．

A.9 固有値と固有ベクトル Eigenvalues and Eigenvectors

$n \times n$ 対称行列 $\boldsymbol{A}$ に対して，

$$\boldsymbol{A}\boldsymbol{u} = \lambda \boldsymbol{u}, \qquad \boldsymbol{u} \neq \boldsymbol{0} \tag{A.51}$$

となる λ を**固有値** (eigenvalue) と呼び，$\boldsymbol{u}$ ($\neq \boldsymbol{0}$) を**固有ベクトル** (eigenvector) と呼ぶ．式 (A.51) は次のように書き直せる．

$$(\lambda \boldsymbol{I} - \boldsymbol{A})\boldsymbol{u} = \boldsymbol{0} \tag{A.52}$$

これは $\boldsymbol{u}$ に関する連立 1 次方程式であり，よく知られているように，これが $\boldsymbol{u} \neq \boldsymbol{0}$ の解を持つのは，係数行列の行列式が 0 になることである．すなわち，

$$\phi(\lambda) = |\lambda \boldsymbol{I} - \boldsymbol{A}| = 0 \tag{A.53}$$

である．これを**固有方程式** (characteristic equation) と呼ぶ．ただし，$|\cdots|$ は行列式を表す．$\phi(\lambda)$ は λ の n 次多項式であり，**固有多項式** (characteristic polynomial) と呼ぶ．式 (A.53) は実数係数の n 次方程式であるから，一般に複素数の範囲で重複を含めて n 個の解を持つ．したがって，n 個の固有値と対応する固有ベクトルが存在する．しかし，対称行列に対しては，**固有値は**

すべて実数であり，固有ベクトルは実数成分からなる． これは次のように示せる．

$\boldsymbol{A}$ の固有値を λ（複素数かもしれない）とし，対応する固有ベクトルを $\boldsymbol{u}$（成分が複素数かもしれない）とする．この定義と，両辺の複素共役（バーで表す）が次のように書ける．

$$\boldsymbol{A}\boldsymbol{u} = \lambda\boldsymbol{u}, \qquad \boldsymbol{A}\bar{\boldsymbol{u}} = \bar{\lambda}\bar{\boldsymbol{u}} \tag{A.54}$$

第 1 式の両辺と $\bar{\boldsymbol{u}}$ との内積，および，第 2 式の両辺と $\boldsymbol{u}$ との内積はそれぞれ次のようになる．

$$\langle \bar{\boldsymbol{u}}, \boldsymbol{A}\boldsymbol{u} \rangle = \lambda \langle \bar{\boldsymbol{u}}, \boldsymbol{u} \rangle, \qquad \langle \boldsymbol{u}, \boldsymbol{A}\bar{\boldsymbol{u}} \rangle = \bar{\lambda} \langle \boldsymbol{u}, \bar{\boldsymbol{u}} \rangle \tag{A.55}$$

$\boldsymbol{u} = \Big(u_i \Big)$ $(\neq \boldsymbol{0})$ と書くと，

$$\langle \bar{\boldsymbol{u}}, \boldsymbol{u} \rangle = \langle \boldsymbol{u}, \bar{\boldsymbol{u}} \rangle = \sum_{i=1}^{n} \bar{u}_i u_i = \sum_{i=1}^{n} |u_i|^2 > 0 \tag{A.56}$$

である（$|\cdot|$ は複素数の絶対値）．また，$\boldsymbol{A}$ が対称行列であるから，

$$\langle \boldsymbol{u}, \boldsymbol{A}\bar{\boldsymbol{u}} \rangle = \langle \boldsymbol{A}^{\top}\boldsymbol{u}, \bar{\boldsymbol{u}} \rangle = \langle \boldsymbol{A}\boldsymbol{u}, \bar{\boldsymbol{u}} \rangle = \langle \bar{\boldsymbol{u}}, \boldsymbol{A}\boldsymbol{u} \rangle \tag{A.57}$$

である（$\hookrightarrow$ 式 (A.27)）．ゆえに，式 (A.55) より $\lambda = \bar{\lambda}$ であり，λ は実数である．実数要素の行列 $\boldsymbol{A}$ と実数 λ に対する未知数 $\boldsymbol{u}$ の連立 1 次方程式 $\boldsymbol{A}\boldsymbol{u} = \lambda\boldsymbol{u}$ は，加減乗除や代入によって解けるから，解 $\boldsymbol{u}$ も実数成分である．

さらに，**異なる固有値に対する固有ベクトルは互いに直交する．** これは次のように示せる．$\boldsymbol{A}$ の固有値 λ, λ' $(\lambda \neq \lambda')$ に対する固有ベクトルをそれぞれ $\boldsymbol{u}, \boldsymbol{u}'$ とする．

$$\boldsymbol{A}\boldsymbol{u} = \lambda\boldsymbol{u}, \qquad \boldsymbol{A}\boldsymbol{u}' = \lambda'\boldsymbol{u}' \tag{A.58}$$

第 1 式の両辺と $\boldsymbol{u}'$ との内積，および，第 2 式の両辺と $\boldsymbol{u}$ との内積はそれぞれ次のようになる．

$$\langle \boldsymbol{u}', \boldsymbol{A}\boldsymbol{u} \rangle = \lambda \langle \boldsymbol{u}', \boldsymbol{u} \rangle, \qquad \langle \boldsymbol{u}, \boldsymbol{A}\boldsymbol{u}' \rangle = \lambda' \langle \boldsymbol{u}, \boldsymbol{u}' \rangle \tag{A.59}$$

$\boldsymbol{A}$が対称行列であるから

$$\langle \boldsymbol{u}', \boldsymbol{A}\boldsymbol{u} \rangle = \langle \boldsymbol{A}^\top \boldsymbol{u}', \boldsymbol{u} \rangle = \langle \boldsymbol{A}\boldsymbol{u}', \boldsymbol{u} \rangle = \langle \boldsymbol{u}, \boldsymbol{A}\boldsymbol{u}' \rangle \tag{A.60}$$

である（↪ 式(A.27)）．ゆえに式(A.59)より，

$$\lambda \langle \boldsymbol{u}', \boldsymbol{u} \rangle = \lambda' \langle \boldsymbol{u}, \boldsymbol{u}' \rangle \; (= \lambda' \langle \boldsymbol{u}', \boldsymbol{u} \rangle) \tag{A.61}$$

であり，$(\lambda - \lambda')\langle \boldsymbol{u}', \boldsymbol{u} \rangle = 0$である．$\lambda \neq \lambda'$であるから，これは$\langle \boldsymbol{u}', \boldsymbol{u} \rangle = 0$を意味し，$\boldsymbol{u}$と$\boldsymbol{u}'$は直交する．

n個の固有値に重複するものがあると，重複する固有値に対しては固有ベクトルは一意的ではない．しかし，それらの任意の線形結合も同じ固有値に対する固有ベクトルとなるので，それらを例えばシュミットの直交化（↪ 1.5節）によって，互いに直交するように選ぶことができる（教科書[7]参照）．そして，式(A.51)からわかるように，$\boldsymbol{u}$が固有ベクトルなら，それに任意の0でない定数を掛けた$c\boldsymbol{u}$ $(c \neq 0)$も同じ固有値に対する固有ベクトルである．この結果，対称行列の固有ベクトル$\{\boldsymbol{u}_i\}$, $i = 1, \ldots, n$を正規直交系であるように選ぶことができる．

A.10　2次形式の最大値，最小値
Maximum and Minimum of a Quadratic Form

$n \times n$対称行列$\boldsymbol{A}$に対する単位ベクトル$\boldsymbol{v}$に対する2次形式$\langle \boldsymbol{v}, \boldsymbol{A}\boldsymbol{v} \rangle$を考える．$\boldsymbol{A}$の$n$個の固有値を$\lambda_1 \geq \cdots \geq \lambda_n$とし，対応する単位固有ベクトルの正規直交系を$\{\boldsymbol{u}_i\}$, $i = 1, \ldots, n$とする．任意の単位ベクトル$\boldsymbol{v}$は$\boldsymbol{v} = \sum_{i=1}^n c_i \boldsymbol{u}_i$, $\sum_{i=1}^n c_i^2 = 1$と展開できるから（↪ A.6節），次のように書き直せる．

$$\begin{aligned} \langle \boldsymbol{v}, \boldsymbol{A}\boldsymbol{v} \rangle &= \langle \sum_{i=1}^n c_i \boldsymbol{u}_i, \boldsymbol{A} \sum_{j=1}^n c_j \boldsymbol{u}_j \rangle = \sum_{i,j=1}^n c_i c_j \langle \boldsymbol{u}_i, \boldsymbol{A}\boldsymbol{u}_j \rangle \\ &= \sum_{i,j=1}^n c_i c_j \langle \boldsymbol{u}_i, \lambda_j \boldsymbol{u}_j \rangle = \sum_{i,j=1}^n c_i c_j \lambda_j \langle \boldsymbol{u}_i, \boldsymbol{u}_j \rangle \end{aligned}$$

$$= \sum_{i,j=1}^{n} c_i c_j \lambda_j \delta_{ij} = \sum_{i=1}^{n} c_i^2 \lambda_i \leq \lambda_1 \sum_{i=2}^{n} c_i^2 = \lambda_1 \tag{A.62}$$

上式で等号が成り立つのは，$c_1 = 1$, $c_2 = \cdots = c_n = 0$ のとき，すなわち $\boldsymbol{v} = \boldsymbol{u}_1$ の場合である．同様に，式 (A.62) の不等号の向きを変えた次式も成り立つ．

$$\langle \boldsymbol{v}, \boldsymbol{A}\boldsymbol{v} \rangle = \sum_{i=1}^{n} c_i^2 \lambda_i \geq \lambda_n \sum_{i=2}^{n} c_i^2 = \lambda_n \tag{A.63}$$

以上より，対称行列 $\boldsymbol{A}$ の単位ベクトル $\boldsymbol{v}$ に対する 2 次形式 $\langle \boldsymbol{v}, \boldsymbol{A}\boldsymbol{v} \rangle$ の最大値，最小値は，それぞれ $\boldsymbol{A}$ の最大固有値 λ_1，最小固有値 λ_n に等しく，その $\boldsymbol{v}$ は対応する単位固有ベクトル $\boldsymbol{u}_1, \boldsymbol{u}_n$ である．

次に，$\boldsymbol{u}_1$ に直交する単位ベクトル $\boldsymbol{v}$ を考える．$\boldsymbol{u}_1$ に直交する任意の単位ベクトル $\boldsymbol{v}$ は $\boldsymbol{v} = \sum_{i=2}^{n} c_i \boldsymbol{u}_i$, $\sum_{i=2}^{n} c_i^2 = 1$ と展開できる（$\hookrightarrow$ A.6 節）．したがって，2 次形式 $\langle \boldsymbol{v}, \boldsymbol{A}\boldsymbol{v} \rangle$ は次のように書ける．

$$\begin{aligned}
\langle \boldsymbol{v}, \boldsymbol{A}\boldsymbol{v} \rangle &= \langle \sum_{i=2}^{n} c_i \boldsymbol{u}_i, \boldsymbol{A} \sum_{j=2}^{n} c_j \boldsymbol{u}_j \rangle = \sum_{i,j=2}^{n} c_i c_j \langle \boldsymbol{u}_i, \boldsymbol{A}\boldsymbol{u}_j \rangle \\
&= \sum_{i,j=2}^{n} c_i c_j \langle \boldsymbol{u}_i, \lambda_j \boldsymbol{u}_j \rangle = \sum_{i,j=2}^{n} c_i c_j \lambda_j \langle \boldsymbol{u}_i, \boldsymbol{u}_j \rangle \\
&= \sum_{i,j=2}^{n} c_i c_j \lambda_j \delta_{ij} = \sum_{i=2}^{n} c_i^2 \lambda_i \leq \lambda_2 \sum_{i=2}^{n} c_i^2 = \lambda_2
\end{aligned} \tag{A.64}$$

上式で等号が成り立つのは，$c_2 = 1$, $c_3 = \cdots = c_n = 0$ のとき，すなわち $\boldsymbol{v} = \boldsymbol{u}_2$ の場合である．ゆえに，**$\boldsymbol{u}_1$ に直交する単位ベクトル $\boldsymbol{v}$ に対して，$\langle \boldsymbol{v}, \boldsymbol{A}\boldsymbol{v} \rangle$ は 2 番目に大きい固有値 λ_2 に対する単位固有ベクトル $\boldsymbol{v} = \boldsymbol{u}_2$ のとき，最大値 λ_2 をとる．**

以下，同様に考えて，**$\boldsymbol{u}_1, \ldots, \boldsymbol{u}_{m-1}$ に直交する単位ベクトル $\boldsymbol{v}$ に対して，$\langle \boldsymbol{v}, \boldsymbol{A}\boldsymbol{v} \rangle$ は m 番目に大きい固有値 λ_m に対する単位固有ベクトル $\boldsymbol{v} = \boldsymbol{u}_m$ のとき，最大値 λ_m をとる．** 最小値に関しても同様であり，**$\boldsymbol{u}_{m+1}, \ldots, \boldsymbol{u}_n$ に直交する単位ベクトル $\boldsymbol{v}$ に対して，$\langle \boldsymbol{v}, \boldsymbol{A}\boldsymbol{v} \rangle$ は m 番目に小さい固有値 λ_m に対する単位固有ベクトル $\boldsymbol{v} = \boldsymbol{u}_m$ のとき，最小値 λ_m をとる．**

あとがき　Postface

まえがきで述べたように，本書は線形代数の基礎（ベクトルや行列や行列式の計算，固有値や固有ベクトルの計算，2 次形式の標準化など）を既習であると仮定している．線形代数の長く読まれている標準的な教科書は齋藤 [16] であるが，数学的に厳密でややレベルが高い（特に最後の数章）．それに対して，甘利・金谷 [1] は工学部学生を対象として，力学や電気回路の例題を入れたり，2 次形式をエネルギーと解釈するなど工夫して，線形代数をイメージ的に説明しようとしている．

本書のテーマである射影や特異値分解や一般逆行列を説明した教科書は，1970 年代から出版されるようになった．Rao・Mitra [15] は我が国に一般逆行列を導入した草分けの文献である．一般逆行列は，射影や特異値分解と合わせて伊理・韓 [2] の教科書でも紹介されている．柳井・竹内 [18] はこれに特化した文献である．しかし，伊理・韓 [2] や柳井・竹内 [18] は内容が非常に繁雑で，今日の工学系の学生や研究者が読むのに適していない．おそらく大部分が挫折するに違いない．それには二つの理由がある．

一つは議論をあまりにも一般化していることである．一般には，線形空間に基底ベクトル（その個数 n が次元）を定義して議論するが，基底は線形独立なら何でもよい．しかし，本書では基底としては正規直交系しか考えていない．また，「射影」とは一般には n 次元空間からその部分空間への線形写像と定義されるが，本書でいう射影は“直交”射影（部分空間に“垂直”に“最短距離”で写像する写像）である．しかし，それ以外に，“斜め”に写像するいろいろな射影がありうる．また，一般逆行列は，一般には二つの線形空間の間のある条件を満たす写像として定義され（式(4.8)），内部自由度を持ち，一意的ではない．しかし，本書では，一意的に定まるムーア・ペンローズ型のみを扱っている．このように，本書では，工学の応用で標準的に用いられているものに限定しているので，記述が簡潔になり，理解しやすい．それに対して，伊理・韓[2]や柳井・竹内[18]は，数学的に考えられるすべてを尽くそうとする高度に学究的な書物である．

しかし，もう一つ重要な相違がある．それは“時代の変化”である．伊理・韓[2]や柳井・竹内[18]では線形写像の一般論から一般逆行列を導出し，それに多大のページを割いている．それに対して，特異値分解は，その導出理論は紹介しているが，付随的な役割しか果たしていない．一方，本書では特異値分解から一般逆行列を定義している．その結果，一般逆行列のさまざまな性質はすべて特異値分解の性質から自動的に得られる．このように記述する理由は，本書では特異値分解の計算を，行列式や逆行列や固有値の計算と同等の「行列の基本演算」とみなすからである．すなわち，行列が与えられるということは，その行列式や逆行列や固有値や特異値分解が直ちに与えられることであり，それを前提として議論が行われる．この背景には，今日では特異値分解のソフトウェアが充実しているからである．計算量的にも行列式や逆行列や固有値の計算とほぼ同等である．特異値分解の計算は，その開発者のGolub・Van Loan [3]が解説しているほか，そのコードがPressら[14]によって提供されている．

Rao・Mitra [15]や伊理・韓[2]や柳井・竹内[18]が，特異値分解を行列の基本演算とはみなしていなかったのは，当時はこのようなソフトウェアがまだ普及していなかったためと思われる．現在では，工学の応用分野，特にコンピュータを背景とするパターン情報処理（音声・言語を含むパターン処理・認識，信号・画像処理，コンピュータビジョン，コンピュータグラフィクスなど）では本書のような立場が普通である．欧米の多くの教科書でもそのように扱われている．しかし，我が国の教科書では未だ伊理・韓[2]や柳井・竹内[18]を踏襲しているものが多いように見受けられる．一方，本書では，射影もスペクトル分解も特異値分解も，すべて冒頭の式(1.1)から導いている．このような説明はこれまでになく，今後は本書のような記述が，我が国でも標準的になると思われる．

本書の内容のかなりは，入門的教科書 [7, 8] でもとりあげていて，本書は両書の発展版であると言える．特に対称行列のスペクトル分解については [7] の説明が詳しい．本書で用いている「反射影」という概念と用語は，最近盛んになった「幾何学的代数」で用いられるようになったものである [11]．特異値分解の原理と計算法（固有値計算に帰着させる）は [7] に説明がある．最小 2 乗法と一般逆行列との関連は [8] で扱っているが，正規方程式に基づく伝統的な定式化である（本書では射影のみに基づき，正規方程式は用いない）．第 5 章で触れた，正則行列の場合のガウス消去法や LU 分解などの数値計算法は，教科書 [9] の説明が詳しい（ただし，固有値問題や特異値分解は扱っていない）．

一般逆行列は歴史的には，最小 2 乗法に関連して議論されてきたが，パターン情報処理に広く利用されてきたとは言えず，なじみの薄い研究者も多い．その一つの理由は，我が国の線形代数の教科書のほとんどで，数学者による伝統的な記述がなされてきたためと思われる．しかし，近年，いろいろなパターン情報処理の応用，特にコンピュータビジョンにおいて，制約のある問題を扱うことが多くなり，その重要性が認識されている．第 6 章で述べたような平面上に制約されたデータや，方向のみに意味があるために単位球面上へ正規化されたデータなど，制約がある場合は，データの不確定性による変動は制約を破る方向には生じない．このため，第 6 章で指摘したように，信頼性の解析や最適化計算では一般逆行列が重要な役割を果たす．

コンピュータビジョンの多くの問題は，いろいろな制約を持つ非線形最適化問題となる．その解法としては，非線形な関係を線形近似した連立 1 次方程式を反復的に解くのが普通である．反復が収束した時点ではすべての制約が満たされるが，パラメータを推定しながら行う反復途中では，必要な制約が満たされるとは限らない．しかし，これを無視すると，さまざまな計算上の問題が生じる．これを防ぐために，制約がすべて満たされた場合の行列の理論的なランクを用いて，第 4 章で述べたランクを拘束した一般逆行列によって連立 1 次方程式を反復的に解く．そのような応用は金谷・菅谷・金澤 [12] に示されている．

第 7 章で扱った空間の当てはめは，教科書 [7] では統計データの主成分分析による解析，および「固有空間法」と呼ばれる顔画像認識の手法に関連させて説明されている．本書では当てはめ計算に特異値分解を用いることを推奨しているが，[7] では伝統的な，共分散行列のスペクトル分解による方法を用いている．しかし，特異値分解による当てはめはコンピュータビジョンでは広く用いられている [5]．

第 8 章で紹介した，行列の因子分解に基づく動画像解析（「因子分解法」）は，金谷・菅谷・金澤 [12] に具体的な計算手順が示されている．さらに，同書では画像からの 3 次元計算に関するさまざまな問題がとりあげられている．

本書の付録の内容は，教科書 [7, 8] に基づいている．

本書の多くの部分が和文英文併記になっているが，日本人のための科学技術英語の書き方については，兵藤 [6]，杉原 [17]，小野 [13]，原田 [4]，金谷 [10] 他，多くの書物が出版されている．多くは物理学や機械工学を想定しているが，杉原 [17] と金谷 [10] は数学，情報系を対象としている．本書の英文は金谷 [10] のスタイルに基づいている．

参考文献　References

[1] 甘利俊一・金谷健一,『線形代数』, 講談社 (1987).

[2] 伊理正夫・韓 大舜,『線形代数—行列とその標準形—』, 教育出版 (1977).

[3] G. H. Golub, C. F. Van Loan, *Matrix Computations*, The Johns Hopkins University Press, Baltimore, MD, U.S., 3rd ed. (1996), 4th ed. (2012).

[4] 原田豊太郎,『間違いだらけの英語科学論文』, 講談社 (2004).

[5] R. Hartley and A. Zisserman, *Multiple View Geometry in Computer Vision*, 2nd Ed., Cambridge University Press, Cambridge, U.K., 2003.

[6] 兵藤甲一,『科学英文技法』, 東京大学出版会 (1986).

[7] 金谷健一,『これなら分かる応用数学教室—最小二乗法からウェーブレットまで—』, 共立出版 (2003).

[8] 金谷健一,『これなら分かる最適化数学—基礎原理から計算手法まで—』, 共立出版 (2005).

[9] 金谷健一,『数値で学ぶ計算と解析』, 共立出版 (2010).

[10] 金谷健一,『理数系のための技術英語練習帳—さらなる上達を目指して—』, 共立出版 (2012).

[11] 金谷健一,『幾何学と代数系　Geometric Algebra：ハミルトン, グラスマン, クリフォード』, 森北出版 (2014).

[12] 金谷健一・菅谷保之・金澤 靖,『3次元コンピュータビジョン計算ハンドブック』, 森北出版 (2016).

[13] 小野義正,『ポイントで学ぶ科学英語論文の書き方』丸善 (2001).

[14] W. H. Press, S. A. Teukolsky, W. T. Vetterling, and B. P. Flannery, *Numerical Recipes: The Art of Scientific Computing*, Cambridge University Press, Cambridge, U.K., 3rd ed. (2007); 丹慶勝市・佐藤俊郎・奥村晴彦・小林 誠（訳),『ニューメリカルレシピ・イン・シー 日本語版—C 言語による数値計算のレシピ』, 技術評論社 (1993).

[15] C. R. Rao and S. K. Mitra, *Generalized inverse of matrices and its applications*, John Wiley, Hoboken, NJ, U.S. (1971); 渋谷正昭・田辺国士（訳），『一般逆行列とその応用』，東京図書 (1973).

[16] 齋藤正彦，『線型代数入門』，東京大学出版会 (1966).

[17] 杉原厚吉，『理科系のための英文作法』，中央公論社 (1994).

[18] 柳井晴夫・竹内 啓，『射影行列・一般逆行列・特異値分解』，東京大学出版会 (1983).

Problems and Answers　問題と解答

Chapter 1

1.1. **Q**: (1) For an m-dimensional vector $\boldsymbol{a} = \begin{pmatrix} a_i \end{pmatrix}$ and an n-dimensional vector $\boldsymbol{b} = \begin{pmatrix} b_i \end{pmatrix}$, which denote vectors whose ith components are a_i and b_i, respectively, show that Eq. (1.22) holds, where the right side designates the $m \times n$ matrix whose (i, j) element is $a_i b_j$.

(2) Show that when $m = n$, Eq. (1.23) holds, where tr denotes the trace of the matrix.

A: (1) From the definition of matrix multiplication follows the following identity:

$$\begin{pmatrix} a_1 \\ \vdots \\ a_m \end{pmatrix} \begin{pmatrix} b_1 & \cdots & b_n \end{pmatrix} = \begin{pmatrix} a_1 b_1 & \cdots & a_1 b_n \\ \vdots & \ddots & \vdots \\ a_m b_1 & \cdots & a_m b_n \end{pmatrix}.$$

(2) The trace of the above matrix is $\sum_{i=1}^{n} a_i b_i = \langle \boldsymbol{a}, \boldsymbol{b} \rangle$.

1.2. **Q**: Express a point Q of subspace $\mathcal{U}$ in terms of the basis of $\mathcal{U}$, and differentiate the square norm from point P to show that the closest point of $\mathcal{U}$ from P is its projection Q.

A: Let $\{\boldsymbol{u}_i\}$, $i = 1, \ldots, r$, be the orthonormal basis of $\mathcal{U}$, and express $\overrightarrow{OQ} \in \mathcal{U}$ as $\overrightarrow{OQ} = \sum_{i=1}^{r} c_i \boldsymbol{u}_i$ in terms of the basis vectors. Then,

$$\|\overrightarrow{PQ}\|^2 = \|\overrightarrow{OQ} - \overrightarrow{OP}\|^2 = \|\sum_{i=1}^{r} c_i \boldsymbol{u}_i - \overrightarrow{OP}\|^2$$

$$= \langle \sum_{i=1}^{r} c_i \boldsymbol{u}_i - \overrightarrow{OP}, \sum_{j=1}^{r} c_j \boldsymbol{u}_j - \overrightarrow{OP} \rangle.$$

Differentiation of this with respect to c_i is

$$\frac{\partial \|\overrightarrow{PQ}\|^2}{\partial c_i} = 2\langle \boldsymbol{u}_i, \sum_{j=1}^{r} c_j \boldsymbol{u}_j - \overrightarrow{OP} \rangle = 2\langle \boldsymbol{u}_i, \overrightarrow{PQ} \rangle.$$

Since this vanishes at the closest point to P, we see that $\overrightarrow{PQ}$ is orthogonal to all the basis vectors $\{\boldsymbol{u}_i\}$, $i = 1, \ldots, r$, of $\mathcal{U}$. Hence, $\overrightarrow{OQ}$ is the projection of $\overrightarrow{OP}$.

1.3. **Q**: Show that Eqs. (1.13) and (1.14) hold, using Eq. (1.8).

A: They are shown as follows:

$$\boldsymbol{P}_{\mathcal{U}}^\top = \Big(\sum_{i=1}^{r} \boldsymbol{u}_i \boldsymbol{u}_i^\top\Big)^\top = \sum_{i=1}^{r} \boldsymbol{u}_i \boldsymbol{u}_i^\top = \boldsymbol{P}_{\mathcal{U}},$$

$$\boldsymbol{P}_{\mathcal{U}}^2 = \Big(\sum_{i=1}^{r} \boldsymbol{u}_i \boldsymbol{u}_i^\top\Big)\Big(\sum_{j=1}^{r} \boldsymbol{u}_j \boldsymbol{u}_j^\top\Big) = \sum_{i,j=1}^{r} \boldsymbol{u}_i \boldsymbol{u}_i^\top \boldsymbol{u}_j \boldsymbol{u}_j^\top$$

$$= \sum_{i,j=1}^{r} \boldsymbol{u}_i \langle \boldsymbol{u}_i, \boldsymbol{u}_j \rangle \boldsymbol{u}_j^\top = \sum_{i,j=1}^{r} \delta_{ij} \boldsymbol{u}_i \boldsymbol{u}_j^\top = \sum_{i=1}^{r} \boldsymbol{u}_i \boldsymbol{u}_i^\top = \boldsymbol{P}_{\mathcal{U}}.$$

1.4. **Q**: Show that a symmetric and idempotent matrix $\boldsymbol{P}$ is the projection matrix onto some subspace.

A: As is well known, an $n \times n$ symmetric matrix $\boldsymbol{P}$ has n real eigenvalues λ_1, $\ldots, \lambda_n$, the corresponding eigenvectors $\boldsymbol{u}_1, \ldots, \boldsymbol{u}_n$ being an orthonormal system. If we multiply $\boldsymbol{P}\boldsymbol{u}_i = \lambda_i \boldsymbol{u}_i$ by $\boldsymbol{P}$ from left on both sides, we have

$$\boldsymbol{P}^2 \boldsymbol{u}_i = \lambda_i \boldsymbol{P} \boldsymbol{u}_i = \lambda_i^2 \boldsymbol{u}_i.$$

If $\boldsymbol{P}$ is idempotent, the left side is $\boldsymbol{P}\boldsymbol{u}_i = \lambda_i \boldsymbol{u}_i$. Hence, $\lambda_i = \lambda_i^2$, i.e., $\lambda_i = 0$, 1. Let $\lambda_1 = \cdots = \lambda_r = 1$, $\lambda_{r+1} = \cdots = \lambda_n = 0$. Then,

$$\boldsymbol{P}\boldsymbol{u}_i = \boldsymbol{u}_i, \quad i = 1, \ldots, r, \qquad \boldsymbol{P}\boldsymbol{u}_i = \boldsymbol{0}, \quad i = r+1, \ldots, n.$$

From Eq. (1.6), we see that $\boldsymbol{P}$ is the projection matrix onto the subspace spanned by $\boldsymbol{u}_1, \ldots, \boldsymbol{u}_r$.

Chapter 2

2.1. **Q**: Show that mutually orthogonal nonzero vectors $\boldsymbol{u}_1, \ldots, \boldsymbol{u}_m$ are linearly independent.

A: Suppose some linear combination of $\boldsymbol{u}_1, \ldots, \boldsymbol{u}_m$, $\boldsymbol{u}_i \neq \boldsymbol{0}$, $i = 1, \ldots, m$, is $\boldsymbol{0}$:

$$c_1\boldsymbol{u}_1 + \cdots + c_m\boldsymbol{u}_m = \boldsymbol{0}.$$

Compute the inner product of this equation and $\boldsymbol{u}_k$ on both sides. Since $\{\boldsymbol{u}_i\}$, $i = 1, \ldots, m$, are mutually orthogonal, we see that

$$c_k\langle\boldsymbol{u}_k, \boldsymbol{u}_k\rangle = c_k\|\boldsymbol{u}_k\|^2 = 0,$$

and hence $c_k = 0$. This holds for all $k = 1, \ldots, m$. Hence, the linear combination of $\boldsymbol{u}_1, \ldots, \boldsymbol{u}_m$ is $\boldsymbol{0}$ only when all the coefficients are 0. Namely, $\boldsymbol{u}_1, \ldots, \boldsymbol{u}_m$ are linearly indenpendent.

2.2. **Q**: Show that Eq. (2.19) holds for n-dimensional vectors $\boldsymbol{a}_1, \ldots, \boldsymbol{a}_m$ and $\boldsymbol{b}_1, \ldots, \boldsymbol{b}_m$, where $\boldsymbol{A}$ and $\boldsymbol{B}$ are $n \times m$ matrices having columns $\boldsymbol{a}_1, \ldots, \boldsymbol{a}_m$ and columns $\boldsymbol{b}_1, \ldots, \boldsymbol{b}_m$, respectively.

A: If we write the jth components of $\boldsymbol{a}_i$ and $\boldsymbol{b}_i$ as a_{ji} and b_{ji}, respectively, the (k, l) element of the matrix $\boldsymbol{a}_i\boldsymbol{b}_i^\top$ is $a_{ki}b_{li}$ ($\hookrightarrow$ Eq. (1.22)). Hence, the (k, l) element of the matrix on the left side of Eq. (2.19) is $\sum_{i=1}^n a_{ki}b_{li}$. Since, $\boldsymbol{A} = \begin{pmatrix}\boldsymbol{a}_1 & \cdots & \boldsymbol{a}_n\end{pmatrix} = \begin{pmatrix}a_{ij}\end{pmatrix}$ and $\boldsymbol{B} = \begin{pmatrix}\boldsymbol{b}_1 & \cdots & \boldsymbol{b}_n\end{pmatrix} = \begin{pmatrix}b_{ij}\end{pmatrix}$, we see that $\sum_{i=1}^n a_{ki}b_{li}$ equals the (k, l) element of $\boldsymbol{A}\boldsymbol{B}^\top$.

2.3. **Q**: Show that $\boldsymbol{U}$ is an orthogonal matrix, i.e., its columns form an orthonormal system, if and only if Eq. (2.9) holds.

A: The definition of the matrix $\boldsymbol{U}$ implies that

$$\boldsymbol{U}^\top\boldsymbol{U} = \begin{pmatrix}\boldsymbol{u}_1^\top \\ \vdots \\ \boldsymbol{u}_n^\top\end{pmatrix}\begin{pmatrix}\boldsymbol{u}_1 & \cdots & \boldsymbol{u}_n\end{pmatrix} = \begin{pmatrix}\langle\boldsymbol{u}_1, \boldsymbol{u}_1\rangle & \cdots & \langle\boldsymbol{u}_1, \boldsymbol{u}_n\rangle \\ \vdots & \ddots & \vdots \\ \langle\boldsymbol{u}_n, \boldsymbol{u}_1\rangle & \cdots & \langle\boldsymbol{u}_n, \boldsymbol{u}_n\rangle\end{pmatrix}.$$

This equals $\boldsymbol{I}$ if and only if $\langle \boldsymbol{u}_i, \boldsymbol{u}_j \rangle = \delta_{ij}$, i.e., the columns of $\boldsymbol{U}$ form an orthonormal system.

2.4. **Q**: Show that if $\boldsymbol{U}$ is an orthogonal matrix, so is $\boldsymbol{U}^\top$, i.e., an orthogonal has not only orthonormal columns but also orthonormal rows.

A: Equation (1.11) implies that $\boldsymbol{U}^\top$ is the inverse of $\boldsymbol{U}$, i.e., $\boldsymbol{U}^\top = \boldsymbol{U}^{-1}$. Hence,

$$(\boldsymbol{U}^\top)^\top (\boldsymbol{U}^\top) = \boldsymbol{U}\boldsymbol{U}^\top = \boldsymbol{U}\boldsymbol{U}^{-1} = \boldsymbol{I},$$

which means that $\boldsymbol{U}^\top$ is an orthogonal matrix. It follows that the rows of $\boldsymbol{U}$ are also orthonormal.

2.5. **Q**: Show that the matrix $\boldsymbol{A}$ of Eq. (2.3) and the matrix $\boldsymbol{A}^{-1}$ of Eq. (2.11) satisfy $\boldsymbol{A}^{-1}\boldsymbol{A} = \boldsymbol{I}$ by computing their product.

A: Their product is as follows:

$$\boldsymbol{A}^{-1}\boldsymbol{A} = \Big(\sum_{i=1}^n \frac{\boldsymbol{u}_i\boldsymbol{u}_i^\top}{\lambda_i}\Big)\Big(\sum_{j=1}^n \lambda_j \boldsymbol{u}_j\boldsymbol{u}_j^\top\Big) = \sum_{i,j=1}^n \frac{\lambda_j}{\lambda_i}\boldsymbol{u}_i\boldsymbol{u}_i^\top\boldsymbol{u}_j\boldsymbol{u}_j^\top$$

$$= \sum_{i,j=1}^n \frac{\lambda_j}{\lambda_i}\boldsymbol{u}_i\langle\boldsymbol{u}_i, \boldsymbol{u}_j\rangle\boldsymbol{u}_j^\top = \sum_{i,j=1}^n \frac{\lambda_j}{\lambda_i}\delta_{ij}\boldsymbol{u}_i\boldsymbol{u}_j^\top = \sum_{i=1}^n \boldsymbol{u}_i\boldsymbol{u}_i^\top = \boldsymbol{I}.$$

2.6. **Q**: For the matrix $\sqrt{\boldsymbol{A}}$ defined by Eq. (2.17) or by the first equation of Eq. (2.18), show that $(\sqrt{\boldsymbol{A}})^2 = \boldsymbol{A}$ holds.

A: From Eq. (2.17) follows

$$(\sqrt{\boldsymbol{A}})^2 = \Big(\sum_{i=1}^n \sqrt{\lambda_i}\boldsymbol{u}_i\boldsymbol{u}_i^\top\Big)\Big(\sum_{j=1}^n \sqrt{\lambda_j}\boldsymbol{u}_j\boldsymbol{u}_j^\top\Big) = \sum_{i,j=1}^n \sqrt{\lambda_i\lambda_j}\boldsymbol{u}_i\boldsymbol{u}_i^\top\boldsymbol{u}_j\boldsymbol{u}_j^\top$$

$$= \sum_{i,j=1}^n \sqrt{\lambda_i\lambda_j}\boldsymbol{u}_i\langle\boldsymbol{u}_i, \boldsymbol{u}_j\rangle\boldsymbol{u}_j^\top = \sum_{i,j=1}^n \sqrt{\lambda_i\lambda_j\delta_{ij}}\boldsymbol{u}_i\boldsymbol{u}_j^\top$$

$$= \sum_{i=1}^n \lambda_i\boldsymbol{u}_i\boldsymbol{u}_i^\top = \boldsymbol{A}.$$

Using Eq. (2.9), on the other hand, we see from the first of Eq. (2.18) that

$$(\sqrt{\boldsymbol{A}})^2 = \boldsymbol{U}\begin{pmatrix}\sqrt{\lambda_1} & & \\ & \ddots & \\ & & \sqrt{\lambda_n}\end{pmatrix}\boldsymbol{U}^\top\boldsymbol{U}\begin{pmatrix}\sqrt{\lambda_1} & & \\ & \ddots & \\ & & \sqrt{\lambda_n}\end{pmatrix}\boldsymbol{U}^\top$$

$$= \boldsymbol{U}\begin{pmatrix}\sqrt{\lambda_1} & & \\ & \ddots & \\ & & \sqrt{\lambda_n}\end{pmatrix}\begin{pmatrix}\sqrt{\lambda_1} & & \\ & \ddots & \\ & & \sqrt{\lambda_n}\end{pmatrix}\boldsymbol{U}^\top$$

$$= \boldsymbol{U}\begin{pmatrix}\lambda_1 & & \\ & \ddots & \\ & & \lambda_n\end{pmatrix}\boldsymbol{U}^\top = \boldsymbol{A}.$$

2.7. **Q**: Show that for a nonsingular matrix $\boldsymbol{A}$, Eq. (2.20) holds for any natural number N.

A: The following identity holds:

$$(\boldsymbol{A}^{-1})^N\boldsymbol{A}^N = \boldsymbol{A}^{-1}\cdots\boldsymbol{A}^{-1}\boldsymbol{A}\cdots\boldsymbol{A} = \boldsymbol{I}.$$

This implies that $(\boldsymbol{A}^{-1})^N$ is the inverse of $\boldsymbol{A}^N$, i.e., $(\boldsymbol{A}^{-1})^N = (\boldsymbol{A}^N)^{-1}$.

Chapter 3

3.1. **Q**: Show that for any matrix $\boldsymbol{A}$, the matrices $\boldsymbol{A}\boldsymbol{A}^\top$ and $\boldsymbol{A}^\top\boldsymbol{A}$ are both positive semidefinite symmetric matrices, i.e., symmetric matrices whose eigenvalues are all positive or zero.

A: Evidently, $\boldsymbol{A}\boldsymbol{A}^\top$ and $\boldsymbol{A}^\top\boldsymbol{A}$ are both symmetric matrices. Suppose $\boldsymbol{A}\boldsymbol{A}^\top$ has eigenvalue λ for the eigenvector $\boldsymbol{u}$ ($\neq \boldsymbol{0}$). Computing the inner product of $\boldsymbol{A}\boldsymbol{A}^\top\boldsymbol{u} = \lambda\boldsymbol{u}$ with $\boldsymbol{u}$ on both sides, we see that

$$\langle\boldsymbol{u}, \boldsymbol{A}\boldsymbol{A}^\top\boldsymbol{u}\rangle = \lambda\langle\boldsymbol{u}, \boldsymbol{u}\rangle = \lambda\|\boldsymbol{u}\|^2.$$

Since

$$\langle\boldsymbol{u}, \boldsymbol{A}\boldsymbol{A}^\top\boldsymbol{u}\rangle = \langle\boldsymbol{A}^\top\boldsymbol{u}, \boldsymbol{A}^\top\boldsymbol{u}\rangle = \|\boldsymbol{A}^\top\boldsymbol{u}\|^2 \geq 0,$$

($\hookrightarrow$ Appendix Eq. (A.27)), we conclude that $\lambda \geq 0$. Similarly, suppose $\boldsymbol{A}^\top\boldsymbol{A}$ has eigenvalue λ' for the eigenvector $\boldsymbol{v}$ ($\neq \boldsymbol{0}$). Computing the inner product of $\boldsymbol{A}^\top\boldsymbol{A}\boldsymbol{v} = \lambda'\boldsymbol{v}$ with $\boldsymbol{v}$ on both sides, we see that

$$\langle\boldsymbol{v}, \boldsymbol{A}^\top\boldsymbol{A}\boldsymbol{v}\rangle = \lambda'\langle\boldsymbol{v}, \boldsymbol{v}\rangle = \lambda'\|\boldsymbol{v}\|^2,$$

$$\langle \boldsymbol{v}, \boldsymbol{A}^\top \boldsymbol{A}\boldsymbol{v} \rangle = \langle \boldsymbol{A}\boldsymbol{v}, \boldsymbol{A}\boldsymbol{v} \rangle = \|\boldsymbol{A}\boldsymbol{v}\|^2 \geq 0.$$

Hence, $\lambda' \geq 0$.

3.2. **Q**: Suppose one of the two matrices $\boldsymbol{A}\boldsymbol{A}^\top$ and $\boldsymbol{A}^\top\boldsymbol{A}$ has a positive eigenvalue σ^2 for $\boldsymbol{A} \neq \boldsymbol{O}$. Show that it is also the eigenvalue of the other matrix and that their eigenvectors $\boldsymbol{u}$ and $\boldsymbol{v}$ are related by Eq. (3.1).

A: As shown in the preceding problem, the eigenvalues of $\boldsymbol{A}\boldsymbol{A}^\top$ are all positive or zero. Since $\boldsymbol{A} \neq \boldsymbol{O}$, at least one of them is positive, say σ^2. Let $\boldsymbol{u}$ be its eigenvector. Multiplying $\boldsymbol{A}\boldsymbol{A}^\top\boldsymbol{u} = \sigma^2\boldsymbol{u}$ by $\boldsymbol{A}^\top$ on both sides from left, we obtain

$$\boldsymbol{A}^\top\boldsymbol{A}\boldsymbol{A}^\top\boldsymbol{u} = \sigma^2\boldsymbol{A}^\top\boldsymbol{u}.$$

If we let $\boldsymbol{v} = \boldsymbol{A}^\top\boldsymbol{u}/\sigma$, this equality is written as $\boldsymbol{A}^\top\boldsymbol{A}(\sigma\boldsymbol{v}) = \sigma^3\boldsymbol{v}$, i.e.,

$$\boldsymbol{A}^\top\boldsymbol{A}\boldsymbol{v} = \sigma^2\boldsymbol{v}.$$

This implies that $\boldsymbol{A}^\top\boldsymbol{A}$ has eigenvalue σ^2 for the eigenvector $\boldsymbol{v}$. Conversely, suppose $\boldsymbol{A}^\top\boldsymbol{A}$ has eigenvalue σ^2 for the eigenvector $\boldsymbol{v}$. Multiplying $\boldsymbol{A}^\top\boldsymbol{A}\boldsymbol{v} = \sigma^2\boldsymbol{v}$ by $\boldsymbol{A}$ on both sides from left, we obtain

$$\boldsymbol{A}\boldsymbol{A}^\top\boldsymbol{A}\boldsymbol{v} = \sigma^2\boldsymbol{A}\boldsymbol{v}.$$

If we let $\boldsymbol{u} = \boldsymbol{A}\boldsymbol{v}/\sigma$, this equality is written as $\boldsymbol{A}\boldsymbol{A}^\top(\sigma\boldsymbol{u}) = \sigma^3\boldsymbol{u}$, i.e.,

$$\boldsymbol{A}\boldsymbol{A}^\top\boldsymbol{u} = \sigma^2\boldsymbol{u}.$$

This implies that $\boldsymbol{A}\boldsymbol{A}^\top$ has eigenvalue σ^2 for the eigenvector $\boldsymbol{u}$. Thus, if one of $\boldsymbol{A}^\top\boldsymbol{A}$ and $\boldsymbol{A}^\top\boldsymbol{A}$ has a positive eigenvalue σ^2, it is also an eigenvalue of the other, and their eigenvectors $\boldsymbol{v}$ and $\boldsymbol{u}$ are related by

$$\boldsymbol{v} = \frac{\boldsymbol{A}^\top\boldsymbol{u}}{\sigma}, \qquad \boldsymbol{u} = \frac{\boldsymbol{A}\boldsymbol{v}}{\sigma}.$$

Namely, Eq. (3.1) holds.

3.3. **Q**: Show the following:

(1) If $\boldsymbol{A}\boldsymbol{A}^\top\boldsymbol{u} = \boldsymbol{0}$, then $\boldsymbol{A}^\top\boldsymbol{u} = \boldsymbol{0}$.

(2) If $\boldsymbol{A}^\top\boldsymbol{A}\boldsymbol{v} = \boldsymbol{0}$, then $\boldsymbol{A}\boldsymbol{v} = \boldsymbol{0}$.

A: (1) Suppose $\boldsymbol{A}\boldsymbol{A}^\top \boldsymbol{u} = \boldsymbol{0}$. Computing its inner product with $\boldsymbol{u}$ on both sides, we obtain

$$\langle \boldsymbol{u}, \boldsymbol{A}\boldsymbol{A}^\top \boldsymbol{u}\rangle = \langle \boldsymbol{A}^\top \boldsymbol{u}, \boldsymbol{A}^\top \boldsymbol{u}\rangle = \|\boldsymbol{A}^\top \boldsymbol{u}\|^2 = 0.$$

($\hookrightarrow$ Eq. (A.27)). Hence, $\boldsymbol{A}^\top \boldsymbol{u} = \boldsymbol{0}$.

(2) Suppose $\boldsymbol{A}^\top \boldsymbol{A}\boldsymbol{v} = \boldsymbol{0}$. Computing its inner product with $\boldsymbol{v}$ on both sides, we obtain

$$\langle \boldsymbol{v}, \boldsymbol{A}^\top \boldsymbol{A}\boldsymbol{v}\rangle = \langle \boldsymbol{A}\boldsymbol{v}, \boldsymbol{A}\boldsymbol{v}\rangle = \|\boldsymbol{A}\boldsymbol{v}\|^2 = 0.$$

($\hookrightarrow$ Eq. (A.27)). Hence, $\boldsymbol{A}\boldsymbol{v} = \boldsymbol{0}$.

3.4. **Q**: Show that Eq. (3.12) holds.

A: Since $\{\boldsymbol{u}_i\}$, $i = 1, \ldots, r$, are an orthonormal system, the rule of matrix multiplication implies

$$\boldsymbol{U}^\top \boldsymbol{U} = \begin{pmatrix} \boldsymbol{u}_1^\top \\ \vdots \\ \boldsymbol{u}_r^\top \end{pmatrix} \begin{pmatrix} \boldsymbol{u}_1 & \cdots & \boldsymbol{u}_r \end{pmatrix} = \begin{pmatrix} \langle \boldsymbol{u}_1, \boldsymbol{u}_1\rangle & \cdots & \langle \boldsymbol{u}_1, \boldsymbol{u}_r\rangle \\ \vdots & \ddots & \vdots \\ \langle \boldsymbol{u}_r, \boldsymbol{u}_1\rangle & \cdots & \langle \boldsymbol{u}_r, \boldsymbol{u}_r\rangle \end{pmatrix} = \boldsymbol{I}.$$

Similarly, since $\{\boldsymbol{v}_i\}$, $i = 1, \ldots, r$, are an orthonormal system, we see that

$$\boldsymbol{V}^\top \boldsymbol{V} = \begin{pmatrix} \boldsymbol{v}_1^\top \\ \vdots \\ \boldsymbol{v}_r^\top \end{pmatrix} \begin{pmatrix} \boldsymbol{v}_1 & \cdots & \boldsymbol{v}_r \end{pmatrix} = \begin{pmatrix} \langle \boldsymbol{v}_1, \boldsymbol{v}_1\rangle & \cdots & \langle \boldsymbol{v}_1, \boldsymbol{v}_r\rangle \\ \vdots & \ddots & \vdots \\ \langle \boldsymbol{v}_r, \boldsymbol{v}_1\rangle & \cdots & \langle \boldsymbol{v}_r, \boldsymbol{v}_r\rangle \end{pmatrix} = \boldsymbol{I}.$$

3.5. **Q**: Show that Eq. (3.13) holds.

A: From Eq. (2.19), we see that

$$\boldsymbol{U}\boldsymbol{U}^\top = \begin{pmatrix} \boldsymbol{u}_1 & \cdots & \boldsymbol{u}_r \end{pmatrix} \begin{pmatrix} \boldsymbol{u}_1^\top \\ \vdots \\ \boldsymbol{u}_r^\top \end{pmatrix} = \sum_{i=1}^{r} \boldsymbol{u}_i \boldsymbol{u}_i^\top = \boldsymbol{P}_{\mathcal{U}}.$$

Similarly, we see that

$$\boldsymbol{V}\boldsymbol{V}^\top = \begin{pmatrix} \boldsymbol{u}_1 & \cdots & \boldsymbol{u}_r \end{pmatrix} \begin{pmatrix} \boldsymbol{v}_1^\top \\ \vdots \\ \boldsymbol{v}_r^\top \end{pmatrix} = \sum_{i=1}^{r} \boldsymbol{v}_i \boldsymbol{v}_i^\top = \boldsymbol{P}_{\mathcal{V}}.$$

Chapter 4

4.1. **Q**: Show that if $\boldsymbol{A}$ is nonsingular, i.e., $m = n$ and its eigenvalues are all nonzero, or $r = n$, Eq. (4.1) defines the inverse $\boldsymbol{A}^{-1}$ of $\boldsymbol{A}$.

A: The following holds:

$$\boldsymbol{A}^-\boldsymbol{A} = \Big(\sum_{i=1}^{n}\frac{\boldsymbol{v}_i\boldsymbol{u}_i^\top}{\sigma_i}\Big)\Big(\sum_{j=1}^{n}\sigma_j\boldsymbol{u}_j\boldsymbol{v}_j^\top\Big) = \sum_{i,j=1}^{n}\frac{\sigma_j}{\sigma_i}\boldsymbol{v}_i\boldsymbol{u}_i^\top\boldsymbol{u}_j\boldsymbol{v}_j^\top$$

$$= \sum_{i,j=1}^{n}\frac{\sigma_j}{\sigma_i}\boldsymbol{v}_i\langle\boldsymbol{u}_i,\boldsymbol{u}_j\rangle\boldsymbol{v}_j^\top = \sum_{i,j=1}^{n}\frac{\sigma_j}{\sigma_i}\delta_{ij}\boldsymbol{v}_i\boldsymbol{v}_j^\top = \sum_{i=1}^{n}\boldsymbol{v}_i\boldsymbol{v}_j^\top = \boldsymbol{I}.$$

Since the product is the identity matrix, $\boldsymbol{A}^-$ is the inverse of $\boldsymbol{A}$.

4.2. **Q**: Using Eqs. (3.10) and (4.2), show that Eq. (4.5) holds.

A: We see that

$$\boldsymbol{A}\boldsymbol{A}^- = \boldsymbol{U}\begin{pmatrix}\sigma_1 & & \\ & \ddots & \\ & & \sigma_r\end{pmatrix}\boldsymbol{V}^\top\boldsymbol{V}\begin{pmatrix}1/\sigma_1 & & \\ & \ddots & \\ & & 1/\sigma_r\end{pmatrix}\boldsymbol{U}^\top$$

$$= \boldsymbol{U}\begin{pmatrix}\sigma_1 & & \\ & \ddots & \\ & & \sigma_r\end{pmatrix}\begin{pmatrix}1/\sigma_1 & & \\ & \ddots & \\ & & 1/\sigma_r\end{pmatrix}\boldsymbol{U}^\top = \boldsymbol{U}\boldsymbol{U}^\top = \boldsymbol{P}_{\mathcal{U}},$$

where Eqs. (3.12) and (3.13) are used. Similarly, we see that

$$\boldsymbol{A}^-\boldsymbol{A} = \boldsymbol{V}\begin{pmatrix}1/\sigma_1 & & \\ & \ddots & \\ & & 1/\sigma_r\end{pmatrix}\boldsymbol{U}^\top\boldsymbol{U}\begin{pmatrix}\sigma_1 & & \\ & \ddots & \\ & & \sigma_r\end{pmatrix}\boldsymbol{V}^\top$$

$$= \boldsymbol{V}\begin{pmatrix}1/\sigma_1 & & \\ & \ddots & \\ & & 1/\sigma_r\end{pmatrix}\begin{pmatrix}\sigma_1 & & \\ & \ddots & \\ & & \sigma_r\end{pmatrix}\boldsymbol{V}^\top = \boldsymbol{V}\boldsymbol{V}^\top = \boldsymbol{P}_{\mathcal{V}}.$$

4.3. **Q**: Using Eqs. (3.10) and (4.2), show that Eqs. (4.7) and (4.8) holds.

A: We see that

$$
\begin{aligned}
&\boldsymbol{A}^{-}\boldsymbol{A}\boldsymbol{A}^{-} \\
&= \boldsymbol{V}\begin{pmatrix} 1/\sigma_1 & & \\ & \ddots & \\ & & 1/\sigma_r \end{pmatrix}\boldsymbol{U}^\top\boldsymbol{U}\begin{pmatrix} \sigma_1 & & \\ & \ddots & \\ & & \sigma_r \end{pmatrix}\boldsymbol{V}^\top\boldsymbol{V}\begin{pmatrix} 1/\sigma_1 & & \\ & \ddots & \\ & & 1/\sigma_r \end{pmatrix}\boldsymbol{U}^\top \\
&= \boldsymbol{V}\begin{pmatrix} 1/\sigma_1 & & \\ & \ddots & \\ & & 1/\sigma_r \end{pmatrix}\begin{pmatrix} \sigma_1 & & \\ & \ddots & \\ & & \sigma_r \end{pmatrix}\begin{pmatrix} 1/\sigma_1 & & \\ & \ddots & \\ & & 1/\sigma_r \end{pmatrix}\boldsymbol{U}^\top \\
&= \boldsymbol{V}\begin{pmatrix} 1/\sigma_1 & & \\ & \ddots & \\ & & 1/\sigma_r \end{pmatrix}\boldsymbol{U}^\top = \boldsymbol{A}^{-},
\end{aligned}
$$

where Eq. (3.12) is used. Similarly, the following holds:

$$
\begin{aligned}
&\boldsymbol{A}\boldsymbol{A}^{-}\boldsymbol{A} \\
&= \boldsymbol{U}\begin{pmatrix} \sigma_1 & & \\ & \ddots & \\ & & \sigma_r \end{pmatrix}\boldsymbol{V}^\top\boldsymbol{V}\begin{pmatrix} 1/\sigma_1 & & \\ & \ddots & \\ & & 1/\sigma_r \end{pmatrix}\boldsymbol{U}^\top\boldsymbol{U}\begin{pmatrix} \sigma_1 & & \\ & \ddots & \\ & & \sigma_r \end{pmatrix}\boldsymbol{V}^\top \\
&= \boldsymbol{U}\begin{pmatrix} \sigma_1 & & \\ & \ddots & \\ & & \sigma_r \end{pmatrix}\begin{pmatrix} 1/\sigma_1 & & \\ & \ddots & \\ & & 1/\sigma_r \end{pmatrix}\begin{pmatrix} \sigma_1 & & \\ & \ddots & \\ & & \sigma_r \end{pmatrix}\boldsymbol{V}^\top \\
&= \boldsymbol{U}\begin{pmatrix} \sigma_1 & & \\ & \ddots & \\ & & \sigma_r \end{pmatrix}\boldsymbol{V}^\top = \boldsymbol{A}.
\end{aligned}
$$

4.4. **Q**: Show that Eq. (4.21) holds for the matrix trace, where the sizes of the matrices are such that the products can be defined.

A: For $\boldsymbol{A} = \big(A_{ij}\big)$ and $\boldsymbol{B} = \big(B_{ij}\big)$, the (i, j) elements of $\boldsymbol{AB}$ and $\boldsymbol{BA}$ are $\sum_k A_{ik}B_{kj}$ and $\sum_k B_{ik}A_{kj}$, respectively. Hence, their respective traces are $\sum_{j,k} A_{jk}B_{kj}$ and $\sum_{j,k} B_{jk}A_{kj}$, which are equal.

4.5. **Q**: Show that Eq. (4.22) holds for orthogonal matrices $\boldsymbol{U}$ and $\boldsymbol{V}$ having sizes such that the products can be defined.

A: We see that

$$\begin{aligned}
\|\boldsymbol{A}\boldsymbol{U}\|^2 &= \mathrm{tr}(\boldsymbol{A}\boldsymbol{U}(\boldsymbol{A}\boldsymbol{U})^\top) = \mathrm{tr}(\boldsymbol{A}\boldsymbol{U}\boldsymbol{U}^\top\boldsymbol{A}^\top) = \mathrm{tr}(\boldsymbol{A}\boldsymbol{A}^\top) = \|\boldsymbol{A}\|^2, \\
\|\boldsymbol{V}\boldsymbol{A}\|^2 &= \mathrm{tr}((\boldsymbol{V}\boldsymbol{A})^\top\boldsymbol{V}\boldsymbol{A}) = \mathrm{tr}(\boldsymbol{A}^\top\boldsymbol{V}^\top\boldsymbol{V}\boldsymbol{A}) = \mathrm{tr}(\boldsymbol{A}^\top\boldsymbol{A}) = \|\boldsymbol{A}\|^2, \\
\|\boldsymbol{V}\boldsymbol{A}\boldsymbol{U}\|^2 &= \mathrm{tr}(\boldsymbol{V}\boldsymbol{A}\boldsymbol{U}(\boldsymbol{V}\boldsymbol{A}\boldsymbol{U})^\top) = \mathrm{tr}(\boldsymbol{V}\boldsymbol{A}\boldsymbol{U}\boldsymbol{U}^\top\boldsymbol{A}^\top\boldsymbol{V}^\top) \\
&= \mathrm{tr}(\boldsymbol{V}\boldsymbol{A}\boldsymbol{A}^\top\boldsymbol{V}^\top) = \mathrm{tr}(\boldsymbol{V}^\top\boldsymbol{V}\boldsymbol{A}\boldsymbol{A}^\top) = \mathrm{tr}(\boldsymbol{A}\boldsymbol{A}^\top) = \|\boldsymbol{A}\|^2,
\end{aligned}$$

where we have used Eq. (4.21) and noted that $\boldsymbol{U}$ and $\boldsymbol{V}$ are orthogonal matrices so that $\boldsymbol{U}^\top\boldsymbol{U} = \boldsymbol{U}\boldsymbol{U}^\top = \boldsymbol{I}$ and $\boldsymbol{V}^\top\boldsymbol{V} = \boldsymbol{V}\boldsymbol{V}^\top = \boldsymbol{I}$ hold.

4.6. **Q**: Show that if matrix $\boldsymbol{A}$ has a singular value decomposition in the form of Eq. (3.10), its norm is given by Eq. (4.23) so that Eq. (4.20) is obtained.

A: From Eq. (3.10), we see that

$$\begin{aligned}
\|\boldsymbol{A}\|^2 &= \mathrm{tr}(\boldsymbol{A}\boldsymbol{A}^\top) = \mathrm{tr}(\boldsymbol{U}\begin{pmatrix}\sigma_1 & & \\ & \ddots & \\ & & \sigma_r\end{pmatrix}\boldsymbol{V}^\top\boldsymbol{V}\begin{pmatrix}\sigma_1 & & \\ & \ddots & \\ & & \sigma_r\end{pmatrix}\boldsymbol{U}^\top) \\
&= \mathrm{tr}(\boldsymbol{U}\begin{pmatrix}\sigma_1 & & \\ & \ddots & \\ & & \sigma_r\end{pmatrix}\begin{pmatrix}\sigma_1 & & \\ & \ddots & \\ & & \sigma_r\end{pmatrix}\boldsymbol{U}^\top) = \mathrm{tr}(\boldsymbol{U}\begin{pmatrix}\sigma_1^2 & & \\ & \ddots & \\ & & \sigma_r^2\end{pmatrix}\boldsymbol{U}^\top) \\
&= \mathrm{tr}(\boldsymbol{U}^\top\boldsymbol{U}\begin{pmatrix}\sigma_1^2 & & \\ & \ddots & \\ & & \sigma_r^2\end{pmatrix}) = \mathrm{tr}(\begin{pmatrix}\sigma_1^2 & & \\ & \ddots & \\ & & \sigma_r^2\end{pmatrix}) = \sigma_1^2 + \cdots + \sigma_r^2,
\end{aligned}$$

where we have noted that $\boldsymbol{U}$ and $\boldsymbol{V}$ are not necessarily orthogonal matrices, i.e., they may not be square matrices, but Eq. (3.12) holds. From this and Eqs. (4.14) and (4.16), we see that

$$
\boldsymbol{A} - (\boldsymbol{A})_r = \boldsymbol{U} \begin{pmatrix} 0 & & & & & \\ & \ddots & & & & \\ & & 0 & & & \\ & & & \sigma_{r+1} & & \\ & & & & \ddots & \\ & & & & & \sigma_l \end{pmatrix} \boldsymbol{V}^\top.
$$

Hence, from Eq. (4.22), Eq. (4.20) is obtained.

Chapter 5

5.1. **Q**: Show that if $m > n$ and if the columns of $\boldsymbol{A}$ are linearly independent, i.e., $r = n$, then (1) the least-squares solution $\boldsymbol{x}$ is given by Eq. (5.24) and (2) the residual J is written in the form of Eq. (5.25).

A: (1) Equation (5.5) is rewritten as

$$
\begin{aligned}
J &= \langle \boldsymbol{Ax} - \boldsymbol{b}, \boldsymbol{Ax} - \boldsymbol{b} \rangle = \langle \boldsymbol{Ax}, \boldsymbol{Ax} \rangle - 2\langle \boldsymbol{Ax}, \boldsymbol{b} \rangle + \langle \boldsymbol{b}, \boldsymbol{b} \rangle \\
&= \langle \boldsymbol{x}, \boldsymbol{A}^\top \boldsymbol{Ax} \rangle - 2\langle \boldsymbol{x}, \boldsymbol{A}^\top \boldsymbol{b} \rangle + \|\boldsymbol{b}\|^2.
\end{aligned}
$$

Differentiating this with respect to $\boldsymbol{x}$ and letting the result be 0 ($\hookrightarrow$ Appendix Eqs. (A.15) and (A.25)), we obtain

$$
2\boldsymbol{A}^\top \boldsymbol{Ax} - 2\boldsymbol{A}^\top \boldsymbol{b} = \boldsymbol{0}.
$$

If $m > n$ and $r = n$, the $n \times n$ matrix $\boldsymbol{A}^\top \boldsymbol{A}$ is nonsingular. Hence, the solution $\boldsymbol{x}$ is given by Eq. (5.24).

(2) Replacing $\boldsymbol{A}^\top \boldsymbol{Ax}$ in the above expression of J by $\boldsymbol{A}^\top \boldsymbol{b}$, we can write J as

$$
J = \langle \boldsymbol{x}, \boldsymbol{A}^\top \boldsymbol{b} \rangle - 2\langle \boldsymbol{x}, \boldsymbol{A}^\top \boldsymbol{b} \rangle + \|\boldsymbol{b}\|^2 = \|\boldsymbol{b}\|^2 - \langle \boldsymbol{x}, \boldsymbol{A}^\top \boldsymbol{b} \rangle.
$$

5.2. **Q**: Show that if $m > n = r$, Eq. (5.26) holds.

A: If $\boldsymbol{A}$ has the singular value decomposition of Eq. (3.4), the following holds:

$$
\begin{aligned}
\boldsymbol{A}^\top \boldsymbol{A} &= \Big(\sum_{i=1}^{r} \sigma_i \boldsymbol{v}_i \boldsymbol{u}_i^\top\Big)\Big(\sum_{j=1}^{r} \sigma_j \boldsymbol{u}_j \boldsymbol{v}_j^\top\Big) \\
&= \sum_{i,j=1}^{r} \sigma_i \sigma_j \boldsymbol{v}_i \boldsymbol{u}_i^\top \boldsymbol{u}_j \boldsymbol{v}_j^\top = \sum_{i,j=1}^{r} \sigma_i \sigma_j \boldsymbol{v}_i \langle \boldsymbol{u}_i, \boldsymbol{u}_j \rangle \boldsymbol{v}_j^\top \\
&= \sum_{i,j=1}^{r} \delta_{ij} \sigma_i \sigma_j \boldsymbol{v}_i \boldsymbol{v}_j^\top = \sum_{i=1}^{r} \sigma_i^2 \boldsymbol{v}_i \boldsymbol{v}_i^\top , \\
(\boldsymbol{A}^\top \boldsymbol{A})^{-1} \boldsymbol{A}^\top &= \Big(\sum_{i=1}^{r} \frac{\boldsymbol{v}_i \boldsymbol{v}_i^\top}{\sigma_i^2}\Big)\Big(\sum_{j=1}^{r} \sigma_j \boldsymbol{v}_j \boldsymbol{u}_j^\top\Big) \\
&= \sum_{i,j=1}^{r} \frac{\sigma_j}{\sigma_i^2} \boldsymbol{v}_i \boldsymbol{v}_i^\top \boldsymbol{v}_j \boldsymbol{u}_j^\top = \sum_{i,j=1}^{r} \frac{\sigma_j}{\sigma_i^2} \boldsymbol{v}_i \langle \boldsymbol{v}_i, \boldsymbol{v}_j \rangle \boldsymbol{u}_j^\top \\
&= \sum_{i,j=1}^{r} \frac{\sigma_j}{\sigma_i^2} \delta_{ij} \boldsymbol{v}_i \boldsymbol{u}_j^\top = \sum_{i=1}^{r} \frac{\boldsymbol{v}_i \boldsymbol{u}_i^\top}{\sigma_i} = \boldsymbol{A}^- .
\end{aligned}
$$

5.3. **Q**: Show that if $n > m$ and if the rows of $\boldsymbol{A}$ are linearly independent, i.e., $r = m$, then the residual J is 0 and the least-squares solution $\boldsymbol{x}$ is given by Eq. (5.27).

A: We minimize $\|\boldsymbol{x}\|^2/2$ subject to $\boldsymbol{A}\boldsymbol{x} = \boldsymbol{b}$, where the coefficient $1/2$ is only formal. Introducing the Lagrange multipler $\boldsymbol{\lambda}$ (↪ Appendix Eq. (A.48)), consider

$$
\frac{1}{2}\|\boldsymbol{x}\|^2 - \langle \boldsymbol{\lambda}, \boldsymbol{A}\boldsymbol{x} - \boldsymbol{b} \rangle = \frac{1}{2}\langle \boldsymbol{x}, \boldsymbol{x} \rangle - \langle \boldsymbol{A}^\top \boldsymbol{\lambda}, \boldsymbol{x} \rangle + \langle \boldsymbol{\lambda}, \boldsymbol{b} \rangle .
$$

Differentiating this with respect to $\boldsymbol{x}$ (↪ Appendix Eqs. (A.15) and (A.25)) and letting the result be $\boldsymbol{0}$, we obtain

$$
\boldsymbol{x} - \boldsymbol{A}^\top \boldsymbol{\lambda} = \boldsymbol{0} .
$$

Hence, the equation $\boldsymbol{A}\boldsymbol{x} = \boldsymbol{b}$ is written as

$$
\boldsymbol{A}\boldsymbol{A}^\top \boldsymbol{\lambda} = \boldsymbol{b} .
$$

If $m < n$ and $r = m$, the $m \times m$ matrix $\boldsymbol{A}\boldsymbol{A}^\top$ is nonsingular. Hence, $\boldsymbol{\lambda}$ is given by

$$
\boldsymbol{\lambda} = (\boldsymbol{A}\boldsymbol{A}^\top)^{-1} \boldsymbol{b} .
$$

Hence, $\boldsymbol{x}$ is given in the form

$$\boldsymbol{x} = \boldsymbol{A}^\top \boldsymbol{\lambda} = \boldsymbol{A}^\top (\boldsymbol{A}\boldsymbol{A}^\top)^{-1}\boldsymbol{b}.$$

Since $\boldsymbol{A}\boldsymbol{x} = \boldsymbol{b}$ is satisfied, the residual is $J = \|\boldsymbol{A}\boldsymbol{x} - \boldsymbol{b}\|^2 = 0$.

5.4. **Q**: Show that if $n > m = r$, Eq. (5.28) holds.

A: If $\boldsymbol{A}$ has the singular value decomposition of Eq. (3.4), the following holds:

$$\begin{aligned}
\boldsymbol{A}\boldsymbol{A}^\top &= \Big(\sum_{i=1}^{r} \sigma_i \boldsymbol{u}_i \boldsymbol{v}_i^\top\Big)\Big(\sum_{j=1}^{r} \sigma_j \boldsymbol{v}_j \boldsymbol{u}_j^\top\Big) \\
&= \sum_{i,j=1}^{r} \sigma_i \sigma_j \boldsymbol{u}_i \boldsymbol{v}_i^\top \boldsymbol{v}_j \boldsymbol{u}_j^\top = \sum_{i,j=1}^{r} \sigma_i \sigma_j \boldsymbol{u}_i \langle \boldsymbol{v}_i, \boldsymbol{v}_j \rangle \boldsymbol{u}_j^\top \\
&= \sum_{i,j=1}^{r} \delta_{ij} \sigma_i \sigma_j \boldsymbol{u}_i \boldsymbol{u}_j^\top = \sum_{i=1}^{r} \sigma_i^2 \boldsymbol{u}_i \boldsymbol{u}_i^\top, \\
\boldsymbol{A}^\top (\boldsymbol{A}\boldsymbol{A}^\top)^{-1} &= \Big(\sum_{i=1}^{r} \sigma_i \boldsymbol{v}_i \boldsymbol{u}_i^\top\Big)\Big(\sum_{j=1}^{r} \frac{\boldsymbol{u}_j \boldsymbol{u}_j^\top}{\sigma_j^2}\Big) \\
&= \sum_{i,j=1}^{r} \frac{\sigma_i}{\sigma_j^2} \boldsymbol{v}_i \boldsymbol{u}_i^\top \boldsymbol{u}_j \boldsymbol{u}_j^\top = \sum_{i,j=1}^{r} \frac{\sigma_i}{\sigma_j^2} \boldsymbol{v}_i \langle \boldsymbol{u}_i, \boldsymbol{u}_j \rangle \boldsymbol{u}_j^\top \\
&= \sum_{i,j=1}^{r} \frac{\sigma_i}{\sigma_j^2} \delta_{ij} \boldsymbol{v}_i \boldsymbol{u}_j^\top = \sum_{i=1}^{r} \frac{\boldsymbol{v}_i \boldsymbol{u}_i^\top}{\sigma_i} = \boldsymbol{A}^-.
\end{aligned}$$

5.5. **Q**: Show that the solution x given by Eq. (5.17) minimizes the sum of square of Eq. (5.19).

A: Differentiating Eq. (5.19) with respect to x, we obtain

$$\begin{aligned}
\frac{dJ}{dx} &= 2(a_1 x - b_1)a_1 + \cdots + 2(a_m x - b_m)a_m \\
&= 2(a_1^1 + \cdots + a_m^2)x - 2(a_1 b_1 + \cdots + a_m b_m).
\end{aligned}$$

Letting this be 0, we obtain Eq. (5.17).

5.6. **Q**: Show that Eq. (5.22) minimizes $\|\boldsymbol{x}\|^2$ over all $\boldsymbol{x}$ that satisfy Eq. (5.20).

A: We minimize $\|\boldsymbol{x}\|^2/2$ subject to Eq. (5.20), where the coefficient 1/2 is only formal. Introducing the Lagrange multipler λ ($\hookrightarrow$ Appendix Eq. (A.46)), consider

$$\frac{1}{2}\|\boldsymbol{x}\|^2 - \lambda(\langle \boldsymbol{a}, \boldsymbol{x}\rangle - b).$$

Differentiating this with respect to $\boldsymbol{x}$ ($\hookrightarrow$ Appendix Eqs. (A.15) and, (A.25)) and letting the result be $\boldsymbol{0}$, we obtain

$$\boldsymbol{x} - \lambda\boldsymbol{a} = \boldsymbol{0},$$

i.e., $\boldsymbol{x} = \lambda\boldsymbol{a}$. Substituting this into $\langle \boldsymbol{a}, \boldsymbol{x}\rangle = b$, we obtain

$$\lambda\|\boldsymbol{a}\|^2 = b,$$

i.e., $\lambda = b/\|\boldsymbol{a}\|^2$. Hence, we obtain

$$\boldsymbol{x} = \frac{b\boldsymbol{a}}{\|\boldsymbol{a}\|^2}.$$

Chapter 6

6.1. **Q**: Show that If we let $\boldsymbol{x} = \begin{pmatrix} x_i \end{pmatrix}$, the diagonal element Σ_{ii} of the covariance matrix $\boldsymbol{\Sigma}$ of Eq. (6.3) gives the variance of x_i and the non-diagonal element Σ_{ij}, $i \neq j$ gives the covariance of x_i and x_j.

A: The (i,i) element Σ_{ii} is, by definition, $E[\Delta x_i^2] = E[(x_i - \bar{x}_i)^2]$, which gives the variance of x_i. Note that we are assuming that the expectation of x_i is $\bar{x}_i = 0$. The non-diagonal element Σ_{ij}, $i \neq j$ is $E[\Delta x_i \Delta x_j] = E[(x_i - \bar{x}_i)(x_j - \bar{x}_j)]$, which gives the covariance of x_i and x_j.

6.2. **Q**: Show that the matrix $\boldsymbol{X} = \left(\boldsymbol{x}\boldsymbol{x}^\top\right)^\top$ defined from a vector $\boldsymbol{x}$ is a positive semidefinite symmetric matrix, i.e., a symmetric matrix whose eigenvalues are positive or 0. Also show that this is the case for the matrix $\boldsymbol{X} = \sum_{\alpha=1}^N \boldsymbol{x}_\alpha\boldsymbol{x}_\alpha^\top$ defined by multiple vectors $\boldsymbol{x}_1, \ldots, \boldsymbol{x}_N$, too.

A: Evidently, $\boldsymbol{X}$ is a symmetric matrix: $\boldsymbol{X}^\top = \boldsymbol{x}\boldsymbol{x}^\top = (\boldsymbol{x}^\top)^\top\boldsymbol{x}^\top = \boldsymbol{X}$. Let σ be its eigenvalue, and $\boldsymbol{u}$ the corresponding eigenvector. Computing the inner product of $\boldsymbol{X}\boldsymbol{u} = \sigma\boldsymbol{u}$ with $\boldsymbol{u}$ on both sides, we obtain

$$\langle \boldsymbol{u}, \boldsymbol{X}\boldsymbol{u}\rangle = \sigma\langle \boldsymbol{u}, \boldsymbol{u}\rangle = \sigma\|\boldsymbol{u}\|^2,$$

but since

$$\langle \boldsymbol{u}, \boldsymbol{X}\boldsymbol{u} \rangle = \langle \boldsymbol{u}, \boldsymbol{x}\boldsymbol{x}^\top \boldsymbol{u} \rangle = \langle \boldsymbol{u}, \boldsymbol{x} \rangle \langle \boldsymbol{x}, \boldsymbol{u} \rangle = \langle \boldsymbol{u}, \boldsymbol{x} \rangle^2 \geq 0,$$

we see that $\sigma \geq 0$. Similarly, for multiple vectors we see that

$$\begin{aligned}\langle \boldsymbol{u}, \boldsymbol{X}\boldsymbol{u} \rangle &= \langle \boldsymbol{u}, \sum_{\alpha=1}^{N} \boldsymbol{x}_\alpha \boldsymbol{x}_\alpha^\top \boldsymbol{u} \rangle = \sum_{\alpha=1}^{N} \langle \boldsymbol{u}, \boldsymbol{x}_\alpha \boldsymbol{x}_\alpha^\top \boldsymbol{u} \rangle \\ &= \sum_{\alpha=1}^{N} \langle \boldsymbol{u}, \boldsymbol{x}_\alpha \rangle \langle \boldsymbol{x}_\alpha, \boldsymbol{u} \rangle = \sum_{\alpha=1}^{N} \langle \boldsymbol{u}, \boldsymbol{x}_\alpha \rangle^2 \geq 0,\end{aligned}$$

and hence $\sigma \geq 0$.

6.3. **Q**: Show that $\mathrm{tr}(\boldsymbol{x}\boldsymbol{x}^\top) = \|\boldsymbol{x}\|^2$ holds for any vector $\boldsymbol{x}$. Also show that $\mathrm{tr}(\sum_{\alpha=1}^{N} \boldsymbol{x}_\alpha \boldsymbol{x}_\alpha^\top) = \sum_{\alpha=1}^{N} \|\boldsymbol{x}_\alpha\|^2$ holds for any multiple vectors $\boldsymbol{x}_1, \ldots, \boldsymbol{x}_N$.

A: From Eq. (1.23), we see that $\mathrm{tr}(\boldsymbol{x}\boldsymbol{x}^\top) = \langle \boldsymbol{x}, \boldsymbol{x} \rangle = \|\boldsymbol{x}\|^2$. Hence, $\mathrm{tr}(\sum_{\alpha=1}^{N} \boldsymbol{x}_\alpha \boldsymbol{x}_\alpha^\top) = \sum_{\alpha=1}^{N} \|\boldsymbol{x}_\alpha\|^2$.

6.4. **Q**: Write down explicitly the surface of Eq. (6.10) in three dimensions when $\boldsymbol{\Sigma}$ is a diagonal matrix.

A: Let $\boldsymbol{\Sigma} = \mathrm{diag}(\sigma_1^2, \sigma_2^2, \sigma_3^2)$, $\sigma_1^2, \sigma_2^2, \sigma_3^2 > 0$, in three dimensions, where $\mathrm{diag}(\cdots)$ denotes the diagonal matrix with diagonal elements $\cdots$ in that order. Its inverse is $\boldsymbol{\Sigma}^{-1} = \mathrm{diag}(1/\sigma_1^2, 1/\sigma_2^2, 1/\sigma_3^2)$, so that Eq. (6.10) is written as

$$\frac{(x-\bar{x})^2}{\sigma_1^2} + \frac{(y-\bar{y})^2}{\sigma_2^2} + \frac{(z-\bar{z})^2}{\sigma_3^2} = 1.$$

This describes an ellipsoid centered on $(\bar{x}, \bar{y}, \bar{z})$ with the coordinate axes as the axes of symmetry, having radii σ_1, σ_2, and σ_3 along the x-, y-, and z-axes.

6.5. **Q**: Show that the ellipsoid given by Eq. (6.10) has its center at the expectation $\bar{\boldsymbol{x}}$ with the eigenvectors $\boldsymbol{u}_i$ of the covariance matrix $\boldsymbol{\Sigma}$ as its axes of symmetry and that the radius in each directions is the standard deviation σ_i of the error in that direction.

A: The covariance matrix $\boldsymbol{\Sigma}$, which is assumed positive definite here, has the spectral decomposition $\boldsymbol{\Sigma} = \sum_{i=1}^{n} \sigma_i^2 \boldsymbol{u}_i \boldsymbol{u}_i^\top$, $\sigma_i^2 > 0$, $i = 1, \ldots, n$. Translate the coordinate system so that $\bar{\boldsymbol{x}}$ coincides withthe origin O and rotate it so that the coordinate axes coincide with the eigenvectors $\boldsymbol{u}_1, \ldots, \boldsymbol{u}_n$ of $\boldsymbol{\Sigma}$. With respect to this new coordinate system, the covariance matrix has the form $\boldsymbol{\Sigma} = \mathrm{diag}(\sigma_1^2, \ldots, \sigma_n^2)$, and its inverse is $\boldsymbol{\Sigma}^{-1} = \mathrm{diag}(1/\sigma_1^2, \ldots, 1/\sigma_n^2)$. Hence, Eq. (6.10) is now written as

$$\frac{x_1^2}{\sigma_1^2} + \cdots + \frac{x_n^2}{\sigma_n^2} = 1.$$

This describes an ellipsoid centered on the origin with the coordinate axes as the axes of symmetry, having the radius σ_i in each coordinate axis. This means that, with respect to the original coordinate sytems, the ellipsoid is centered on the expectation $\bar{\boldsymbol{x}}$ with the eigenvectors $\boldsymbol{u}_i$ of $\boldsymbol{\Sigma}$ as the axes of symmetry, having the radius σ_i in each axis direction.

6.6. **Q**: Write $\hat{\boldsymbol{x}}_\alpha = \begin{pmatrix} \hat{x}_{i\alpha} \end{pmatrix}$, and show that the diagonal element S_{ii} of the sample covariance matrix $\boldsymbol{S}$ of Eq. (6.22) is the variance of $\hat{x}_{i\alpha}$ and its non-diagonal element S_{ij}, $i \neq j$ is the sample covariance of $\hat{x}_{i\alpha}$ and $\hat{x}_{j\alpha}$.

A: The (i, i) element of $\boldsymbol{S}$

$$S_{ii} = \frac{1}{N} \sum_{\alpha=1}^{N} (\hat{x}_{i\alpha} - m_i)^2$$

is, by definition, the sample variance of $\hat{x}_{i\alpha}$, where

$$m_i = \frac{1}{N} \sum_{\alpha=1}^{N} \hat{x}_{i\alpha}$$

is the sample mean of $\hat{x}_{i\alpha}$. The non-diagonal element

$$S_{ij} = \frac{1}{N} \sum_{\alpha=1}^{N} (\hat{x}_{i\alpha} - m_i)(\hat{x}_{j\alpha} - m_j)$$

is the covariance of $\hat{x}_{i\alpha}$ and $\hat{x}_{j\alpha}$.

Chapter 7

7.1. **Q**: Let $\lambda_1, \ldots, \lambda_n$ be the eigenvalues of an $n \times n$ symmetric matrix $\boldsymbol{A}$. Show that Eq. (7.22) holds.

A: Let $\boldsymbol{A} = \sum_{i=1}^{n} \lambda_i \boldsymbol{u}_i \boldsymbol{u}_i^\top$ be the spectral decomposition of $\boldsymbol{A}$. Then,

$$\mathrm{tr}\boldsymbol{A} = \sum_{i=1}^{n} \lambda_i \mathrm{tr}(\boldsymbol{u}_i \boldsymbol{u}_i^\top) = \sum_{i=1}^{n} \lambda_i \|\boldsymbol{u}_i\|^2 = \sum_{i=1}^{n} \lambda_i.$$

7.2. **Q**: Show that the condition for $n+1$ points $\boldsymbol{x}_0, \boldsymbol{x}_1, \ldots, \boldsymbol{x}_n$ in $\mathcal{R}^n$ to be in general position is given by Eq. (7.23), where the left side is the determinant of an $(n+1) \times (n+1)$ matrix.

A: If we take $\boldsymbol{x}_0$ as a reference and regard it as the origin, the remaining n vectors are linearly independent if and only if

$$\begin{vmatrix} \boldsymbol{x}_1 - \boldsymbol{x}_0 & \cdots & \boldsymbol{x}_n - \boldsymbol{x}_0 \end{vmatrix} \neq 0.$$

The $n \times n$ determinant on the left side is written as the $(n+1) \times (n+1)$ determinant

$$\begin{vmatrix} \boldsymbol{x}_0 & \boldsymbol{x}_1 - \boldsymbol{x}_0 & \cdots & \boldsymbol{x}_n - \boldsymbol{x}_0 \\ 1 & 0 & \cdots & 0 \end{vmatrix} = \begin{vmatrix} \boldsymbol{x}_0 & \boldsymbol{x}_1 & \cdots & \boldsymbol{x}_n \\ 1 & 1 & \cdots & 1 \end{vmatrix},$$

where we have added the first row to the other rows, which does not change the determinant. Here, we chose $\boldsymbol{x}_0$, but we obtain the same result whichever $\boldsymbol{x}_i$ we regard as a reference.

7.3. **Q**: Show that the point $\boldsymbol{g}$ that minimizes the square sum $\sum_{\alpha=1}^{N} \|\boldsymbol{x}_\alpha - \boldsymbol{g}\|^2$ for N points $\{\boldsymbol{x}_\alpha\}$, $\alpha = 1, \ldots, N$, is given by the centroind $\boldsymbol{g}$ given by Eq. (7.13).

A: Differentiating $J = \sum_{\alpha=1}^{N} \|\boldsymbol{x}_\alpha - \boldsymbol{g}\|^2 = \sum_{\alpha=1}^{N} (\boldsymbol{x}_\alpha - \boldsymbol{g}, \boldsymbol{x}_\alpha - \boldsymbol{g})$ with respect to $\boldsymbol{x}$, we obtain $\nabla_{\boldsymbol{x}} J = 2\sum_{\alpha=1}^{N} (\boldsymbol{x}_\alpha - \boldsymbol{g}) = 2\sum_{\alpha=1}^{N} \boldsymbol{x}_\alpha - 2N\boldsymbol{g}$ ($\hookrightarrow$ Appendix Eqs. (A.15) and (A.25)). Letting this be $\nabla_{\boldsymbol{x}} J = 2\sum_{\alpha=1}^{N} (\boldsymbol{x}_\alpha - \boldsymbol{g}) = \boldsymbol{0}$, we obtain Eq. (7.13).

7.4. **Q**: Show that the covariance matrix $\boldsymbol{\Sigma}$ of Eq. (7.14) is also written in the form of Eq. (7.24).

A: From $\sum_{\alpha=1}^{N} \boldsymbol{x}_\alpha = N\boldsymbol{g}$, we see that

$$
\begin{aligned}
\boldsymbol{\Sigma} &= \sum_{\alpha=1}^{N} (\boldsymbol{x}_\alpha - \boldsymbol{g})(\boldsymbol{x}_\alpha - \boldsymbol{g})^\top \\
&= \sum_{\alpha=1}^{N} \boldsymbol{x}_\alpha \boldsymbol{x}_\alpha^\top - \sum_{\alpha=1}^{N} \boldsymbol{x}_\alpha \boldsymbol{g}^\top - \sum_{\alpha=1}^{N} \boldsymbol{g} \boldsymbol{x}_\alpha^\top + \sum_{\alpha=1}^{N} \boldsymbol{g}\boldsymbol{g}^\top \\
&= \sum_{\alpha=1}^{N} \boldsymbol{x}_\alpha \boldsymbol{x}_\alpha^\top - N\boldsymbol{g}\boldsymbol{g}^\top - N\boldsymbol{g}\boldsymbol{g}^\top + N\boldsymbol{g}\boldsymbol{g}^\top = \sum_{\alpha=1}^{N} \boldsymbol{x}_\alpha \boldsymbol{x}_\alpha^\top - N\boldsymbol{g}\boldsymbol{g}^\top.
\end{aligned}
$$

Chapter 8

8.1. **Q**: Show that an $m \times n$ matrix $\boldsymbol{A}$ has rank r or less ($r \leq m, n$) if and only if it is written as $\boldsymbol{A} = \boldsymbol{A}_1\boldsymbol{A}_2$ for some $m \times r$ matrix $\boldsymbol{A}_1$ and some $r \times n$ matrix $\boldsymbol{A}_2$.

A: If $\boldsymbol{A}$ has rank r or less, we can factorize it in the form $\boldsymbol{A} = \boldsymbol{A}_1\boldsymbol{A}_2$ for some $m \times r$ matrix $\boldsymbol{A}_1$ and some $r \times n$ matrix $\boldsymbol{A}_2$ as shown by Eqs. (8.4)–(8.8). Conversely, if we can write $\boldsymbol{A} = \boldsymbol{A}_1\boldsymbol{A}_2$ for some $m \times r$ matrix $\boldsymbol{A}_1$ and some $r \times n$ matrix $\boldsymbol{A}_2$, Eq. (8.3) implies that $\boldsymbol{A}$ has rank r or less.

8.2. **Q**: (1) The αth column of Eq. (8.12) lists the x- and y-coordinates of the αth point over the M images, which can be seen as the "trajectory" of the αth point. Namely, the trajectory of each point is a point in a $2M$-dimensional space. Show that Eq. (8.14) implies that the N points that represent the trajectories in the $2M$-dimensional space are all included in a three-dimensional subspace.

(2) Show how to compute an orthonormal basis of that three-dimensional subspace, by taking into consideration that the decomposition of Eq. (8.14) is for hypothetical cameras, i.e., affine cameras, and that Eq. (8.14) does not exactly hold for the observation matrix $\boldsymbol{W}$ obtained from real cameras.

A: (1) If we write the three columns of the $2M$ motion matrix $\boldsymbol{M}$ of Eq. (8.13) as $\boldsymbol{m}_1, \boldsymbol{m}_2$, and $\boldsymbol{m}_3$, Eq. (8.14) implies that the αth column of Eq. (8.12) is written as

$$\begin{pmatrix} x_{\alpha 1} \\ y_{\alpha 1} \\ \cdots \\ x_{\alpha M} \\ y_{\alpha M} \end{pmatrix} = X_\alpha \boldsymbol{m}_1 + Y_\alpha \boldsymbol{m}_2 + Z_\alpha \boldsymbol{m}_3.$$

This means that the trajectory of the αth point is included in the three-dimensional subspace spanned by $\boldsymbol{m}_1, \boldsymbol{m}_2$, and $\boldsymbol{m}_3$. Hence, the trajectory of any point is included in this subspace.

(2) Computation of this three-dimensional subspace reduces to the problem of fitting a three-dimensional subspace to N points $(x_{\alpha 1}, y_{\alpha 1}, \ldots, x_{\alpha M}, y_{\alpha M})$, $\alpha = 1, \ldots, N$, in $2M$ dimensions. This can be done, as described in Sec. 7.3, by computing the singular value decomposition of the $2M \times N$ matrix having columns that represent the N points. This matrix is nothing but the observation matrix $\boldsymbol{W}$ of Eq. (8.12). Hence, if we compute its singular value decomposition in the form

$$\boldsymbol{W} = \sigma_1 \boldsymbol{u}_1 \boldsymbol{v}_1^\top + \sigma_2 \boldsymbol{u}_2 \boldsymbol{v}_2^\top + \sigma_3 \boldsymbol{u}_3 \boldsymbol{v}_3^\top + \cdots,$$

the three vectors $\{\boldsymbol{u}_1, \boldsymbol{u}_2, \boldsymbol{u}_3\}$ give an orthonormal basis of that three-dimensional subspace. Note that Eq. (8.14) implies that the matrix $\boldsymbol{W}$ has rank 3 and hence $\sigma_4 = \sigma_5 = \cdots = 0$, but this holds only for hypothetical affine cameras. For the observation matrix $\boldsymbol{W}$ obtained using real cameras, the singular values $\sigma_4, \sigma_5, \ldots$ are not necessarily 0, so we truncate these and use the first three terms, which gives an optimal fitting.

日本語索引　Japanese Index

【ア行】

RMS 誤差　RMS error, 67
アフィンカメラ　affine camera, 94
アフィン空間　affine space, 81
アフィン復元　affine reconstruction, 96
アフィン変換　affine transformation, 95
1 次形式　linear form, 106
一般逆行列　pseudoinverse, generalized inverse, 37
一般の位置　general position, 82
異方性　anisotropic, 59
因子分解　factorization, 90
因子分解法　factorization method, 95
運動行列　motion matrix, 95
LU 分解　LU-decomposition, 48

【カ行】

ガウス　Karl Gauss: 1777–1855, 49
ガウス消去法　Gaussian elimination, 48
ガウス分布　Gaussian distribution, 49
確率分布　probability distribution, 57
確率変数　random variable, 57
カメラ行列　camera matrix, 94
カルーネン・レーベ展開　Karhunen–Loéve expansion, 85
観測行列　oberservation matrix, 95
疑似逆行列　pseudoinverse, generalized inverse, 37
疑似透視投影　paraperspective projection, 97
基礎行列　fundamental matrix, 64
期待値　expectation, 58
基底　basis, 109
行空間　row domain, 30
共分散行列　covariance matrix, 58, 77
行列ノルム　matrix norm, 42
グラム・シュミットの直交化　Gram–Schmidt orthogonalization, 10
クロネッカのデルタ　Kronecker delta, 2, 109
経験確率密度　empirical probabilty density, 67
形状行列　shape matrix, 95
計量条件　metric condition, 96
KL 展開　KL-expansion, 85

勾配　gradient, 107
誤差楕円　error ellipse, 60
誤差楕円体　error ellipsoid, 60
固有多項式　characteristic polynomial, 18, 113
固有値　eigenvalue, 17, 113
固有値分解　eigenvalue decompositon, 18
固有ベクトル　eigenvector, 17, 113
固有方程式　characteristic equation, 17, 113
ゴラブ・ラインシュ法　Golub–Reinsch method, 29

【サ行】

最小2乗解　least-squares solution, 49
最小2乗近似　least-squares approximation, 111
最小2乗法　least-squares method, 49
三角不等式　triangle inequality, 106
残差　residual, 49, 79
残差平方和　residual sum of squares, 49, 79
サンプル共分散行列　sample covariance matrix, 66
サンプル平均　sample mean, 66
三平方の定理　Pythagorean theorem, 106
散乱行列　scatter matrix, 77
次元　dimension, 109
自然基底　natural basis, 2, 104
視点　viewpoint, 61
射影　projection, 4
射影行列　projection matrix, 6
射影長　projected length, 8
射影変換行列　homography matrix, 64
弱透視投影　weak perspective projection, 97
主軸　principal axis, 18, 58
主成分分析　principal component analysis, 85
シュミットの直交化　Schmidt orthogonalization, 10
シュワルツの不等式　Schwarz inequality, 106
信頼区間　confidence interval, 60
スペクトル　spectrum, 18
スペクトル分解　spectral decomposition, 18
正規直交基底　orthonormal basis, 1, 110
正規直交系　orthonormal system, 9, 109
正規分布　normal distribution, 49, 59
正規方程式　normal equation, 49
正則行列　nonsingular matrix, 20
正値　positive definite, 22
正値性　positivity, 105, 106
線形写像　linear mapping, 104
線形性　linearity, 105
像　image, 2
双1次形式　bilinear form, 109
相似復元　similar reconstruction, 96

【タ行】

対角化　diagonalization, 20
対称性　symmetry, 105
対称部分　symmetric part, 107
単位ベクトル　unit vector, 106
超平面　hyperplane, 8

直和分解　direct sum decomposition, 5
直交　orthogonal, 106
直交行列　orthogonal matrix, 20
直交射影　orthogonal projection, 4
直交補空間　orthogonal complement, 5
定義域　domain, 1
展開　expansion, 110
同次座標　homogeneous coordinate, 63, 89
透視投影　perspective projection, 94
等方性　isotropic, 59
特異値　singular value, 28
特異値分解　singular decomposition, 30
特異ベクトル　singular vector, 28

【ナ行】

内積　inner product, 105
ナブラ　nabla, 107
2次形式　quadratic form, 107
二重対角行列　bidiagonal matrix, 29
2乗平均平方根誤差　root-mean-square error, 67
ノルム　norm, 105

【ハ行】

ハウスホルダー法　Householder method, 18
張る　span, 4, 111
反射影　rejection, 4
反射型一般逆行列　reflexive pseudoinverse (reflexive generalized inverse), 39
半正値　positive semidefinite, 22
反対称部分　anti-symmetric part, skew-symmetric part, 107
ピタゴラスの定理　Pythagorean theorem, 106
左特異ベクトル　left singular vector, 28
標準基底　standard basis, canonical basis, 2
部分空間　subspace, 4, 111
不偏　unbiased, 66
フロベニウスノルム　Frobenius norm, 42
平均2乗　mean square, 58
平均2乗平方根誤差　root-mean-square error, 67
平行投影　orthographic projection, 96
平方(根)平均2乗誤差　root-mean-square error, 67
べき等　idempotent, 7
偏差　bias, 66

【マ行】

マシンイプシロン　machine epsilon, 41
右特異ベクトル　right singular vector, 28
ムーア・ペンローズ型　Moore–Penrose type, 37
モーメント行列　moment matrix, 77

【ヤ行】

ヤコビ法　Jacobi method, 18
ユークリッドノルム　Euclid norm, 42
ユークリッド復元　Euclidean reconstruction, 96

【ラ行】

ラグランジュ乗数 Lagrange multiplier, 112
ラグランジュの未定乗数法 Lagrange's method of indeterminate multipliers, 112
ランク rank, 19
ランク拘束一般逆行列 rank-constrained pseudoinverse (rank-constrained generalized inverse), 41
ランク拘束疑似逆行列 rank-constrained pseudoinverse (rank-constrained generalized inverse), 41
列空間 column domain, 30

English Index　英語索引

【A】

affine camera アフィンカメラ，94
affine reconstruction アフィン復元，96
affine space アフィン空間，81
affine transformation アフィン変換，95
anisotropic 異方性，59
anti-symmetric part 反対称部分，107

【B】

basis 基底，109
bias 偏差，66
bidiagonal matrix 二重対角行列，29
bilinear form 双1次形式，109

【C】

camera matrix カメラ行列，94
canonical basis 標準基底，2
characteristic equation 固有方程式，17, 113
characteristic polynomial 固有多項式，18, 113
column domain 列空間，30
confidence interval 信頼区間，60
covariance matrix 共分散行列，58, 77

【D】

diagonalization 対角化，20
dimension 次元，109
direct sum decomposition 直和分解，5
domain 定義域，1

【E】

eigenvalue 固有値，17, 113
eigenvalue decompositon 固有値分解，18
eigenvector 固有ベクトル，17, 113
empirical probabilty density 経験確率密度，67
error ellipse 誤差楕円，60
error ellipsoid 誤差楕円体，60
Euclid norm ユークリッドノルム，42
Euclidean reconstruction ユークリッド復元，96
expansion 展開，110
expectation 期待値，58

【F】

factorization 因子分解，90
factorization method 因子分解法，95

Frobenius norm フロベニウスノルム，42
fundamental matrix 基礎行列，64

【G】

Gauss, Karl ガウス：1777–1855，49
Gaussian distribution ガウス分布，49
Gaussian elimination ガウス消去法，48
general position 一般の位置，82
generalized inverse 一般逆行列，疑似逆行列，37
Golub–Reinsch method ゴラブ・ラインシュ法，29
gradient 勾配，107
Gram–Schmidt orthogonalization グラム・シュミットの直交化，10

【H】

homogeneous coordinate 同次座標，63, 89
homography matrix 射影変換行列，64
Householder method ハウスホルダー法，18
hyperplane 超平面，8

【I】

idempotent べき等，7
image 像，2
inner product 内積，105
isotropic 等方性，59

【J】

Jacobi method ヤコビ法，18

【K】

Karhunen–Loéve expansion カルーネン・レーベ展開，85
KL-expansion KL展開，85
Kronecker delta クロネッカのデルタ，2, 109

【L】

Lagrange multiplier ラグランジュ乗数，112
Lagrange's method of indeterminate multipliers ラグランジュの未定乗数法，112
least-squares approximation 最小2乗近似，111
least-squares method 最小2乗法，49
least-squares solution 最小2乗解，49
left singular vector 左特異ベクトル，28
linear form 1次形式，106
linear mapping 線形写像，104
linearity 線形性，105
LU-decomposition LU分解，48

【M】

machine epsilon マシンイプシロン，41
matrix norm 行列ノルム，42
mean square 平均2乗，58
metric condition 計量条件，96
moment matrix モーメント行列，77
Moore–Penrose type ムーア・ペンローズ型，37
motion matrix 運動行列，95

【N】

nabla ナブラ，107

natural basis 自然基底，2, 104
nonsingular matrix 正則行列，20
norm ノルム，105
normal distribution 正規分布，49, 59
normal equation 正規方程式，49

【O】

oberservation matrix 観測行列，95
orthogonal 直交，106
orthogonal complement 直交補空間，5
orthogonal matrix 直交行列，20
orthogonal projection 直交射影，4
orthographic projection 平行投影，96
orthonormal basis 正規直交基底，1, 110
orthonormal system 正規直交系，9, 109

【P】

paraperspective projection 疑似透視投影，97
perspective projection 透視投影，94
positive definite 正値，22
positive semidefinite 半正値，22
positivity 正値性，105, 106
principal axis 主軸，18, 58
principal component analysis 主成分分析，85
probability distribution 確率分布，57
projected length 射影長，8
projection 射影，4
projection matrix 射影行列，6
pseudoinverse 一般逆行列，疑似逆行列，37
Pythagorean theorem 三平方の定理，ピタゴラスの定理，106

【Q】

quadratic form 2次形式，107

【R】

random variable 確率変数，57
rank ランク，19
rank-constrained generalized inverse ランク拘束一般逆行列，ランク拘束疑似逆行列，41
rank-constrained pseudoinverse ランク拘束一般逆行列，ランク拘束疑似逆行列，41
reflexive generalized inverse 反射型一般逆行列，39
reflexive pseudoinverse 反射型一般逆行列，39
rejection 反射影，4
residual 残差，49, 79
residual sum of squares 残差平方和，49, 79
right singular vector 右特異ベクトル，28
RMS error RMS誤差，67
root-mean-square error 平方(根)平均2乗誤差，平均2乗平方根誤差，2乗平均平方根誤差，67
row domain 行空間，30

【S】

sample covariance matrix サンプル共分散行列，66
sample mean サンプル平均，66
scatter matrix 散乱行列，77

Schmidt orthogonalization シュミットの直交化，10
Schwarz inequality シュワルツの不等式，106
shape matrix 形状行列，95
similar reconstruction 相似復元，96
singular decomposition 特異値分解，30
singular value 特異値，28
singular vector 特異ベクトル，28
skew-symmetric part 反対称部分，107
span 張る，4, 111
spectral decomposition スペクトル分解，18
spectrum スペクトル，18
standard basis 標準基底，2
subspace 部分空間，4, 111
symmetric part 対称部分，107
symmetry 対称性，105

【T】

triangle inequality 三角不等式，106

【U】

unbiased 不偏，66
unit vector 単位ベクトル，106

【V】

viewpoint 視点，61

【W】

weak perspective projection 弱透視投影，97

Memorandum

Memorandum

【著者紹介】

金谷健一（かなたに けんいち）

1979年 東京大学大学院工学系研究科博士課程修了
現　在 岡山大学工学部非常勤講師
岡山大学名誉教授
工学博士（東京大学）
著　書 『線形代数』（共著，講談社，1987）
『画像理解』（森北出版，1990）
『空間データの数理』（朝倉書店，1995）
『形状CADと図形の数学』（共立出版，1998）
『これなら分かる応用数学教室』（共立出版，2003）
『これなら分かる最適化数学』（共立出版，2005）
『数値で学ぶ計算と解析』（共立出版，2010）
『理数系のための技術英語練習帳』（共立出版，2012）
『幾何学と代数系』（森北出版，2014）
『3次元コンピュータビジョン計算ハンドブック』（共著，森北出版，2016）ほか

線形代数セミナー
—射影，特異値分解，一般逆行列—
Seminar on Linear Algebra: Projection, Singular Value Decomposition, Pseudo-inverse

2018年7月31日 初版1刷発行
2023年9月5日 初版5刷発行

検印廃止
NDC 411.3

ISBN 978-4-320-11340-4

著　者 金谷健一 © 2018

発行者 南條光章

発行所 **共立出版株式会社**
〒112-0006
東京都文京区小日向4-6-19
電話番号 03-3947-2511（代表）
振替口座 00110-2-57035
URL www.kyoritsu-pub.co.jp

印　刷 啓文堂
製　本 協栄製本

一般社団法人
自然科学書協会
会員

Printed in Japan